Khellaf Rebbas

Développement durable et Conservation de la Biodiversité

Khellaf Rebbas

Développement durable et Conservation de la Biodiversité

Parc National de Gouraya et des sites d'intérêt Biologique et Écologique du golfe de Béjaïa (Algérie)

Presses Académiques Francophones

Impressum / Mentions légales

Bibliografische Information der Deutschen Nationalbibliothek: Die Deutsche Nationalbibliothek verzeichnet diese Publikation in der Deutschen Nationalbibliografie; detaillierte bibliografische Daten sind im Internet über http://dnb.d-nb.de abrufbar.

Information bibliographique publiée par la Deutsche Nationalbibliothek: La Deutsche Nationalbibliothek inscrit cette publication à la Deutsche Nationalbibliografie; des données bibliographiques détaillées sont disponibles sur internet à l'adresse http://dnb.d-nb.de.

Coverbild / Photo de couverture: www.ingimage.com

Verlag / Editeur:
Presses Académiques Francophones
ist ein Imprint der / est une marque déposée de
OmniScriptum GmbH & Co. KG
Heinrich-Böcking-Str. 6-8, 66121 Saarbrücken, Deutschland / Allemagne
Email: info@presses-academiques.com

Herstellung: siehe letzte Seite /
Impression: voir la dernière page
ISBN: 978-3-8381-4381-1

INTRODUCTION GENERALE

Bien que mondialement reconnue comme un des principaux point-chauds de biodiversité végétale (MÉDAIL & QUÉZEL, 1997; MYERS & *al.*, 2000; MÉDAIL & MYERS, 2004), la région méditerranéenne demeure méconnue, en particulier sur ses rives sud et est. L'ensemble de montagnes du littoral algéro-tunisien dénommé « Kabylies-Numidie-Kroumirie » présente une forte diversité végétale et un fort taux d'endémisme (VELA & BENHOUHOU, 2007). Cependant il ne fait plus guère l'objet d'explorations botaniques et les publications récentes sont rares, tant d'un point de vue des inventaires chorologiques (cf. DE BELAIR & *al.*, 2005; GHARZOULI & DJELLOULI, 2005; REBBAS & *al.*,2006 ; MESSAOUDÈNE et *al.* 2007; REBBAS & *al.*, 2007; BOULAACHEB & *al.*, 2007; GHARZOULI, 2007; REBBAS & VELA, 2008; VELA, 2008; YAHI et *al.*, 2008 ; REBBAS & *al.*, 2009; LARIBI et *al.*, 2009; LETREUCH-BELAROUCI et *al.* 2009; MEDJAHDI et *al.* 2009 ; VELA & REBBAS, 2009; REBBAS, 2010; BOULAACHEB & *al.*, 2010-2011; HAOU et *al.*, 2011 ; LARIBI et *al.*, 2011; REBBAS & *al.*, 2011; VELA & *al.*, 2011; BENHAMICHE-HANIFI & MOULAÏ, 2012; BOUNAR & *al.*, 2012; REBBAS & *al.*, 2012; REBBAS & BOUNAR, 2012; YAHI & *al.*, 2012; VELA et *al.*, 2012a; VELA et *al.*, 2012b; VELA & PAVON, 2012; BOUNAR et *al*, 2013; REBBAS & VELA, 2013; HADJI & REBBAS, 2013; VELA, 2013; VELA et *al.*, 2013; KREUTZ et *al.*, 2013; BABALI et *al.*, 2013a-b; CHERMAT et *al.*, 2013; BEGHAMI & *al.*, 2013; HADJI & REBBAS, 2014) que des travaux taxonomiques ou génétiques (cf. DEBUSSCHE & QUEZEL, 1997; DE BELAIR & BOUSSOUAK, 2002; KLEIN & *al.*, 1997; AMIROUCHE & MISSET, 2003; AMIROUCHE & MISSET, 2007; VELA & *al.*, 2010; HAMOUCHE et *al.*, 2010; DE BELAIR & VELA, 2011; REBBAS & VELA, 2011; KAZI TANI, 2012 ; OUARMIM et *al.*, 2013 ; VELA & SCHÄFER, 2013).

1

Les centres de biodiversité sont des régions où l'accumulation et la survie de nombreuses espèces ont pu se faire parmi un grand nombre de groupes systématiques. Ces régions ont été qualifiées de zones critiques, points chauds ou « Hotspots » (DAJOZ , 2000).

Les zones riches en espèces et particulièrement en endémiques constituent des points chauds de biodiversité.

Le concept de point chaud de biodiversité, au niveau mondial et régional, a permis d'améliorer les stratégies de conservation. La nécessité d'évaluation précise des enjeux se heurte à des lacunes dans la connaissance de certains points chauds régionaux méditerranéens. En Algérie, les secteurs les plus remarquables pour l'endémisme sont la côte oranaise, suivie par la Kabylie. En ce qui concerne les espèces rares, la Numidie littorale arrive en tête, suivie par la Mitidja d'Alger. Cet ensemble « Kabylies-Numidie-Kroumirie » forme un point chaud régional méconnu, constitué de forêts, de montagnes et d'écosystèmes littoraux, menacés par l'anthropisation. Face à ces menaces croissantes, il est urgent d'appuyer les politiques nationales et internationales de conservation et de coopérer à   une meilleure connaissance floristique de l'ensemble des territoires concernés (VELA & BENHOUHOU, 2007).

La position géographique de l'Algérie, la diversité de son climat (Perhumide au Saharien) et sa richesse faunistique et floristique ont permis la création de plusieurs parcs à travers le territoire national.

Au début du 20e siècle, des naturalistes ont appelé à la préservation de plusieurs sites naturels en Algérie. Parmi ces sites plusieurs sont localisés en Petite Kabylie, (PEYERIMHOFF, 1937). En 1912, la Société d'Histoire Naturelle d'Afrique du Nord a recommandé la création de réserves naturelles en Algérie. En 1913, la Station de Recherches Forestières du Nord de l'Afrique propose la création de plusieurs réserves scientifiques et parcs nationaux. Pour la Kabylie des Babors, la forêt domaniale du Babor, les gorges de Chabet-el –Akhra situées entre Kherrata et Derguina et la forêt

2

domaniale de l'Oued Kisser dans la région de Jijel, sont proposées comme réserves scientifiques. Parmi les parcs nationaux retenus, quatre sont localisés dans la région : le Parc National de Dar-el-Oued, Taza (arrêté du 23 août 1923 et du 3 septembre 1927), celui du Djebel Gouraya (arrêté du 7 août 1924); la forêt de l'Akfadou (arrêté du 20 janvier 1925) et le djebel Babor (arrêté du 12 janvier 1931) (PEYERIMHOFF, 1937).

Le particularisme floristique et faunistique de la région ont fait que plusieurs réserves naturelles et parcs nationaux y soient retenus (GHARZOULI, 2007).

Après l'indépendance, le premier parc national fut créé en 1972, en l'absence d'encrage juridique. En effet, le ministère de la culture créa le parc national du Tassili, à vocation culturelle unique et se situant dans l'écosystème saharien, classé depuis, patrimoine mondial de l'humanité. Par la suite, il y a eu la création de 4 autres parcs nationaux en 1983, à savoir, celui de Theniet El Had dans la wilaya de Tissemsilt, le Djurdjura dans les wilayas de Bouira et Tizi Ouzou, celui de Chréa dans les wilayas de Blida, Médéa et Ain Defla, et El Kala dans la wilaya d'El Tarf (DGF, 2006).

Chaque parc national est créé par un décret, un autre texte fixe le statut particulier du parc, une véritable charte, qui confie la gestion à un établissement public à caractère administratif (EPA) dont le conseil d'orientation est composé d'élus locaux, de personnalités scientifiques et de représentants d'autres secteurs.

En 1984, une deuxième tranche a permis la création de 3 autres parcs nationaux, Belezma dans la wilaya de Batna, Gouraya dans la wilaya de Béjaïa et Taza dans la wilaya de Jijel. Les responsables de l'époque chargés de ce dossier de création avaient cherché à protéger le cèdre de l'Atlas dans tous ses faciès, le parc national de Belezma est venu compléter les trois premiers parcs nationaux renfermant cette espèce, Chréa, Djurdjura et Théniet El Had. Le parc national d'El Kala introduit l'écosystème dulçaquicole composé du complexe de zones humides, dit d'El Kala, le plus important d'Algérie et dont la réputation dépasse de loin nos frontières. Ouvert sur la mer, il partage l'écosystème marin avec les parcs nationaux de Taza et de Gouraya.

Ce n'est qu'en 1987 que le décret n° 87-143 du 16 juin 1987 fixant les règles et modalités de classement des parcs nationaux et des réserves naturelles a été promulgué. La même année, le ministère de la culture a procédé à la création de son deuxième parc national, celui de l'Ahaggar, dans le massif de l'Atakor, à l'est des frontières du parc national du Tassili. Là également, c'est en référence au patrimoine culturel que ce parc est ainsi créé (DGF, 2006).

Enfin, en 1993, l'administration des forêts procède à la création du dixième et dernier parc national, à Tlemcen, qui renferme un ensemble de curiosités botaniques typiques de l'extrême ouest du pays (chêne vert et zéen reliques), les vestiges culturels de Mansoura et les grottes de Aïn Fezza.

Le parc national de Djebel Aïssa dans la wilaya de Nâama a été classé en 2003 par le ministère de l'aménagement du territoire et du développement durable consécutivement à la parution de la nouvelle loi de l'environnement et du développement durable. C'est aussi le cas de la première réserve naturelle en Algérie, celle des Iles Habibas à Oran.

Aujourd'hui on compte donc 11 parcs nationaux, 8 au Nord du pays, un en zone steppique et deux dans le grand sud. Le parc national du Tassili est classé patrimoine mondial de l'humanité, celui de l'Ahaggar en Réserve de la Biosphère (MAB), comme Djurdjura, El Kala, Chréa, Gouraya et Taza (DGF, 2006).

En 1924, le Djebel Gouraya a été classé comme Parc National de Djebel Gouraya sur une superficie totale de 530 ha par le Gouverneur Général de l'Algérie (annexe 1).

Le Parc National de Gouraya (PNG) fut crée par le décret N° 84 – 327 du 03 novembre 1984 et régit par un statut fixé par le décret N° 83-458 du 23 juillet 1983, fixant le statut type des Parcs Nationaux, dans le but de préserver le patrimoine floristique et faunistique de la région de Petite Kabylie. En effet ce parc présente d'exceptionnelles richesses naturelles et il est classé en "Réserve de la Biosphère" en 2004.

L'étude floristique et phytosociologique (groupements végétaux) permet de mettre un programme de conservation et de sauvegarde de ce patrimoine naturel. C'est dans ce sens que nous nous proposons d'étudier la flore et les groupements végétaux du parc et ceux des falaises et des rochers maritimes et des lieux humides suintants ou des berges humides à niveau d'eau variable de la baie de Bejaia.

Ce manuscrit est structuré en quatre parties. La première consiste à présenter le site d'étude (situation géographique, géologie, climat) et délimiter les secteurs biogéographiques.

La deuxième partie est consacrée à une étude phytosociologique des groupements mis en évidence par les analyses multivariées des relevés de végétation réalisés sur les falaises, rochers maritimes et des lieux humides suintants ou des berges humides à niveau d'eau variable de la baie de Bejaia.

La troisième partie traite la valeur biogéographique et richesse floristique de la zone d'étude. Pour cela nous avons déterminé le nombre de taxons présents, leurs types biologiques et chorologiques.

La région d'étude est une zone côtière très sensible, habitée par une population humaine à forts besoins socio-économiques. Nous avons consacré cette dernière partie au développement de la région envisagé dans le sens du développement durable. Après un bref aperçu sur la situation économique de la région nous présentons des propositions pour la valorisation de la flore en déterminant les possibilités de mise en valeur du patrimoine floristique tout en assurant sa préservation. L'écotourisme constitue une source de revenus pour les riverains. La valorisation du potentiel floristique peut contribuer au développement socio-économique de la région sans compromettre la sauvegarde de la biodiversité. Un développement durable des zones côtières est envisageable parallèlement à la mise en place d'une stratégie de protection et de préservation de la biodiversité.

Chapitre 1.1 - Milieu physique

1.1.1 - Situation géographique

L'étude proprement dite s'est déroulée au parc national de Gouraya (PNG) et sur la côte occidentale et orientale de Béjaïa dans le prolongement du parc sur près de 70 km. Le PNG et ses environs (golfe de Béjaïa) constituent l'un des points chauds de biodiversité végétale de la Kabylie (Figure 1).

La région d'étude englobe donc le parc national de Gouraya et les milieux rupestres et les sources du golfe de Béjaïa situés entre le Cap Sigli à l'ouest de Béjaïa et le Cap Noir à l'Est de Béjaïa dans la wilaya de Jijel (Figure 2).

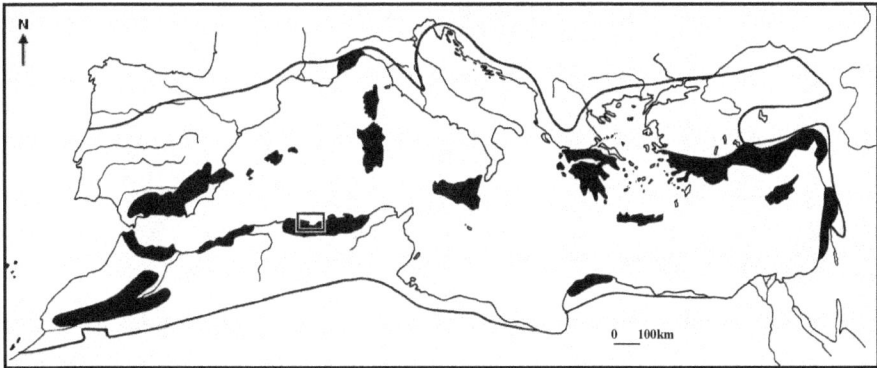

Figure 1 - Délimitation géographique du point chaud «Kabylies-Numidie-Kroumirie» et positionnement au sein de l'ensemble de points chauds du «Bassin méditerranéen» (Source : MEDAIL & QUEZEL, 1997, modifié par VELA & BENHOUHOU, 2007).

7

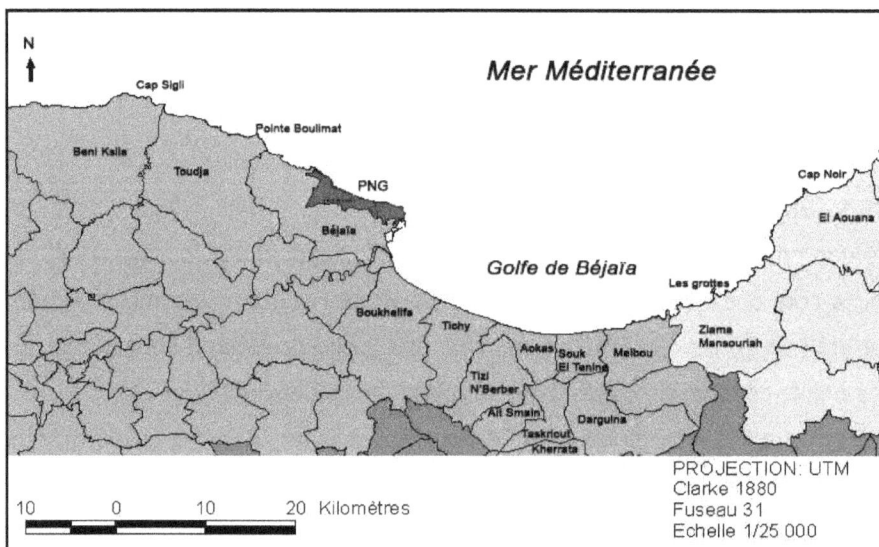

Figure 2 - Localisation géographique du PNG et ses environs (entre Cap Sigli et Cap Noir)

1.1.2 – Relief

Le parc national de Gouraya part du bord même de la mer et s'étend sur toute la crête rocheuse connue sous le nom de Djebel Gouraya (Fort Gouraya : 672 mètres d'altitude).

Le territoire du parc s'étend également sur le Djebel-Oufarnou, petit massif calcaire culminant à 454 m d'altitude et sur le versant Sud d'Ighil-Izza dont l'altitude atteint les 359 m. Le Cap Carbon forme une sorte de presque île aux pentes abruptes exposées au versant nord (225 m d'altitude).

Les pentes sont partout supérieures à 25 %. C'est le cas du versant nord du Djebel Gouraya où la dénivellation des parois rocheuses est pratiquement verticale. Au Nord-Ouest le relief est moins accidenté, les pentes n'excédant pas 21 %. Certaines zones montrent des pentes moyennes allant de 12 à 25 %. Celles-ci correspondent surtout aux sommets des montagnes arrondis.

8

Les côtes occidentales et orientales de Béjaïa sont caractérisées par une succession de falaises, de zones rocheuses et de plages soit de sables, de galets ou de plages mixtes. Il est à remarquer que le faciès rocheux semble dominant. Elles sont constituées par les différents Caps, pointes, falaises et rochers maritimes de l'ouest à l'est: Cap Sigli, pointe Boulimat, pointe Mézaia, pointe des Salines, Cap Carbon, pointe Noire, Cap Bouak, Cap Aokas, falaises et rochers maritimes de Melbou, falaises de pointe Thamakrent, cap de Ziama Mansouriah, falaises des grottes merveilleuses, rochers maritimes d'El Aouana, cap Afia et cap Noir.

1.1.3- Géologie

La région du parc national de Gouraya se rattache au domaine tellien et plus précisément aux chaînes littorales kabyles appelées par différents auteurs, chaînes calcaires liasiques (DUPLAN, 1952). La structure géologique observée dans ce territoire est orientée du nord-ouest vers le sud-est. Le Djebel Gouraya et son prolongement Adrar Oufarnou, forment un anticlinal découpé par des failles sub-verticales formant des compartiments. Dans le nord-ouest du parc, dans la zone où le relief est moins accusé, apparaît l'extrémité orientale d'une nappe de Flyschs Crétacés car cette région a été le siège de charriages importants (DUPLAN & GREVELLE, 1960).

La carte géologique détaillée de bougie à 1/50 000 publiée par le service de la carte géologique de l'Algérie (1960) montre que flysch, brèches et conglomérats du Nummulitique supérieur dominent sur la côte occidentale, entre Cap Sigli et pointe Mézaia. La zone de Boulimat est formée par des dunes, éboulis et solifluxions du Quaternaire. Par contre la pointe Boulimat repose sur de Quaternaire ancien.

Entre Adrar Oufarnou et cap Bouak, les calcaires et dolomies, marnes et marno-calcaires du lias dominent. La plage de la pointe des salines est

9

composée par du Quaternaire ancien et la plage des Aiguades est formée par de Schistes et conglomérats du Néocomien.

Dans la partie orientale, les rochers de Cap Aokas, Cap de Ziama et Taza sont formés par du calcaire et dolomies de lias. Le Cap Afia repose sur du granites tertiaires et le Cap Noir est formé par des rochers gréseux de l'Oligocène.

1.1.4- Hydrographie

Le réseau hydrographique du parc national de Gouraya est composé d'oueds temporaires alimentés essentiellement pendant la période pluvieuse. Le Djebel Gouraya, massif rocheux aux pentes très raides, est dépourvu de réseau hydrographique, car la formation de Talweg est très peu développée dans ces calcaires résistant à l'érosion.

La partie nord-ouest du parc est parcourue par de nombreux oueds. Les principaux affluents sont Ighzer-Ouahrik, qui coule entre Djebel Gouraya et Djebel Oufarnou et Ighzer N'sahel, situé dans la partie nord-ouest du parc, qui sépare Djebel Oufarnou d'Ighil Izza. Entre Cap Sigli et pointe Mézaia, on distingue les oueds suivants : oued Dass, oued Saket, oued Djerba (Figure 3). Dans la partie orientale, entre Tichy et Cap Noir, les principaux affluents sont : oued Djemaa, oued Zitoun, oued Agrioun, oued Ziama, oued Dar El oued, oued Taza, oued Kebir, oued Bouchaib et oued Kissir.

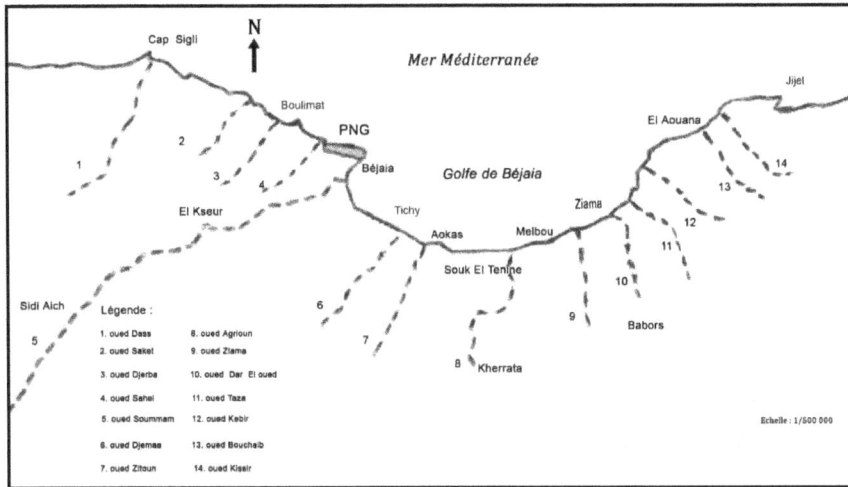

Figure 3 - Localisation géographique des oueds de la zone d'étude

Chapitre 1.2. - Climat et bioclimat

1.2.1 – Données climatiques

1.2.1.1 - Le réseau météorologique

La caractérisation climatique et la définition des bioclimats sont basées sur les données partielles des stations météorologiques les plus proches à la zone d'étude et les données anciennes de SELTZER (1946).

1.2.1.2 - Stations et périodes de références

Les données climatiques utilisées proviennent des stations météorologiques de Béjaïa, Jijel et Kherrata qui sont des données partielles disponibles avec des séries de courtes durées (Tableau 1). Pour compléter les insuffisances climatiques des données récentes, nous avons utilisé les données anciennes de longues séries de SELTZER (1946) et la carte pluviométrique de l'Algérie du Nord, 1/500.000, éditée par l'Agence Nationale des Ressources Hydrauliques (ANRH, 1993).

11

Tableau 1 - Caractéristiques des stations météorologiques

Station	Période	Latitude N	Longitude E	Altitude en m
Béjaïa (R)	1974-2006	36° 43'	05° 04'	01,75
Bougie (A)	1913-1938	36° 45'	05° 05'	09
Cap Carbon (A)	1921-1938	36° 46'	05° 06'	225
Cap Sigli (A)	1913-1938	36° 54'	04° 46'	35
Jijel (R)	1996-2006	36° 49'	05° 47'	06
Djidjelli (A)	1913-1938	36° 49'	05° 47'	06
Cap Afia (A)	1913-1938	36° 49'	05° 42'	12
Kherrata (R)	1996-2004	36° 30'	05° 17'	470
Kerrata (A)	1913-1938	36° 30'	05° 17'	470

(R) : données récentes (Office Météorologique Algérien); (A) : données anciennes de SELTZER (1946).

1.2.2 - Variables climatiques

1.2.2.1 - Les précipitations et les régimes saisonniers

Pour les données récentes, les précipitations moyennes annuelles varient entre 881 mm à Kherrata, 1010 mm à Jijel et 761 mm à Béjaia (Tableau 2). Les précipitations moyennes annuelles des données de SELTZER (1964) sont différentes; elles varient de 972 mm à Bougie, 780 mm au Cap Carbon, 780 mm au Cap Sigli, 1204 mm à Djidjelli, 916 mm au Cap Afia et 1103 mm à Kerrata.

Selon la carte pluviométrique de l 'Algérie du Nord (A.N.R.H., 1993) les précipitations moyennes annuelles oscillent entre 600 et 1200 mm dans la zone d'étude (Figure 4).

Décembre est le mois le plus pluvieux (maximum principal) pour l'ensemble des stations sauf pour Cap Carbon et Kherrata où le maximum est le mois de janvier. Par contre juillet est le mois le moins pluvieux.

Le régime saisonnier des stations sont de type H.A.P.E. sauf pour la station de Kerrata, il est de type H.P.A.E. (Tableau 3). Pour l'ensemble des stations l'été est la saison la plus sèche et l'hiver est la saison la plus arrosée, marquant ainsi la méditerraneité de la zone d'étude.

1.2.2.2 - Températures

Les températures moyennes annuelles varient de 16,7 °C à 18,6 °C dans la zone d'étude (Tableau 4). Les minima sont enregistrés en mois de janvier pour l'ensemble des stations, allant de 7,0°C à 9,3°C sauf pour la station de Kherrata qu'est une station abyssale, le minima se situe en mois de décembre (3,9°C).

Le mois d'août est le maxima pour toutes les stations, qui oscille entre 29,7 °C au Cap Carbon et 33,9 °C à Kherrata.

1.2.2.3 - L'humidité relative

L'humidité présente dans l'atmosphère varie peu dans la région de Béjaia et de Jijel. Les valeurs moyennes fluctuent autour de 75 % et attestent de l'influence du milieu marin (ONM algérienne, 2006).

1.2.2.4 - Les vents

La région de Béjaia reçoit dans la majorité du temps des vents modérés qui soufflent du nord-est vers le sud- ouest.

La région de Jijel reçoit dans la majorité du temps des vents modérés, représentés avec 52,2 % de vents calmes (vents < 1 m/s), avec la dominance des vents soufflants du nord (16,1 %).

Il est à noter que des vents assez forts soufflent durant certaines journées entre janvier et avril.

Le sirocco, vent chaud et sec, se manifeste en moyenne pendant 20 à 27 jours par an, notamment au cours des mois de juillet et d'août et quelque fois même durant le printemps entre avril et juin.

Tableau 2 - Précipitations moyennes, mensuelles et annuelles

Station	Jan	Fév	Mar	Av	Mai	Juin	Juil	Août	Sept	Oct	Nov	Déc	Total
Béjaïa (R)	113	111	89	74	42	14	07	11	48	89	98	**122**	761
Bougie (A)	159	112	96	68	50	28	03	11	54	99	130	**162**	972
Cap Carbon	**133**	89	77	49	43	19	03	10	50	90	102	115	780
Cap Sigli (A)	116	83	73	45	38	17	02	09	46	90	127	**134**	780
Jijel(R)	155	125	53	79	50	17	05	19	85	70	167	**185**	1010
Djidjelli (A)	193	143	107	82	57	27	03	07	56	125	192	**212**	1204
Cap Afia (A)	147	115	85	58	39	16	02	04	29	88	143	**190**	916
Kherrata (R)	162	99	48	87	49	12	05	11	43	48	125	**192**	881
Kerrata (A)	**230**	155	126	80	52	24	03	09	40	76	141	167	1103

Tableau 3 - Régimes saisonniers

Station	Hiver	Printemps	Eté	Automne	Régime saisonnier
Béjaïa (R)	346	205	32	235	H.A.P.E.
Bougie (A)	433	214	42	283	H.A.P.E.
Cap Carbon (A)	337	169	32	242	H.A.P.E.
Cap Sigli (A)	563	156	28	263	H.A.P.E.
Jijel (R)	465	182	41	322	H.A.P.E.
Djidjelli (A)	548	246	37	373	H.A.P.E.
Cap Afia (A)	452	182	22	260	H.A.P.E.
Kherrata (R)	453	184	28	216	H.A.P.E.
Kerrata (A)	552	258	36	257	H.P.A.E.

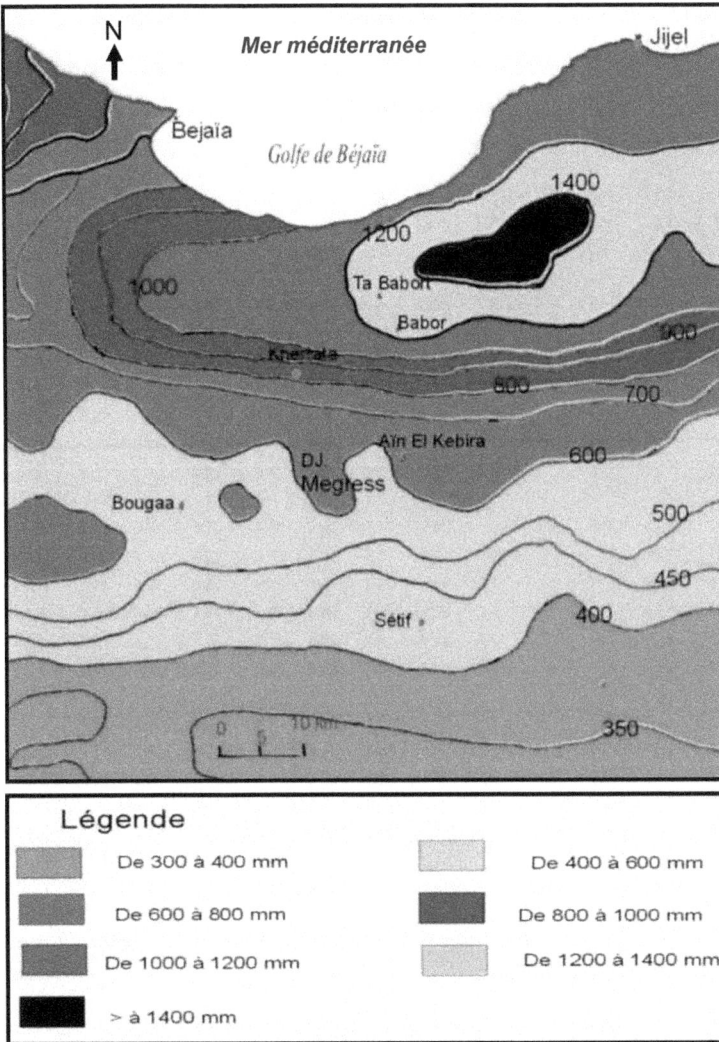

Figure 4 - Carte pluviométrique de la zone d'étude
Extrait de la carte pluviométrique de l 'Algérie (ANRH, 1993)

Tableau 4 – Moyennes annuelles et mensuelles des températures

Station		Jan	Fév	Mar	Avr	Mai	Juin	Juil	Août	Sept	Oct	Nov	Déc
Béjaïa Moyenne : 18,3	M	16,7	17,0	19,2	20,9	23,1	26,6	29,7	**30,3**	28,6	25,5	21,5	17,6
	m	**7,4**	7,9	9,0	10,7	13,9	18,5	20,3	21,4	19,3	15,8	11,6	8,6
	T/2	12,0	12,4	14,1	15,8	18,5	22,5	25,0	25,7	23,9	20,6	16,5	13,1
Bougie Moyenne : 18,6	M	15,7	17,1	19,1	21,1	23,5	26,5	29,6	**30,9**	29,4	25,3	20,2	16,8
	m	**8,1**	8,5	10,1	11,5	14,5	18,0	20,8	21,7	20,1	16,1	12,3	9,2
	T/2	11,9	12,8	14,6	16 ,3	19,0	22,2	25,2	26,3	24,8	20,7	16,2	13,0
Cap Carbon Moyenne : 18,2	M	14,1	14,7	16,9	19,4	22,5	25,8	28,4	**29,7**	28,2	23,2	18,4	15,3
	m	**9,1**	9,4	10,5	12,2	14,9	18,1	21,2	21,9	20,5	17,1	13,4	10,2
	T/2	11,6	12,1	13,7	15,8	18,7	21,9	24,8	25,8	24,4	20,1	15,9	12,8
Cap Sigli Moyenne : 18,5	M	14,9	15,5	17,5	20,3	23,1	26,2	29,2	**29,8**	27,7	24,3	19,5	16,0
	m	**9,3**	9,4	10,6	12,5	15,0	18,2	20,9	21,5	20,3	17,2	13,4	10,4
	T/2	12,1	12,5	14,1	16,4	19,0	22,2	25,1	25,6	24,0	20,7	16,5	13,2
Jijel Moyenne : 17,8	M	16,4	16,4	18,9	20,7	23,7	27,7	30,4	**31,4**	28,5	26,0	20,1	17,7
	m	**7,0**	7,1	8,1	9,8	13,2	16,6	19,1	20,2	18 ,0	14,9	10,2	7,4
	T/2	11,7	11,3	13,5	15,2	18,4	22,2	24,7	25,8	23,2	20,4	15,1	12,0
Djidjelli Moyenne : 18,2	M	14,9	15,9	17,8	19,9	22,6	26,3	29,3	**30,2**	28,4	24,3	19,7	16,0
	m	**8,3**	8,8	9,9	11,8	14,6	18,1	20,8	21,9	20,1	16,4	12,2	9,2
	T/2	11,6	12,4	13,9	15,8	18,6	22,2	25,0	26,0	24,3	20,4	15,9	12,6
Cap Afia Moyenne : 18,2	M	14,6	15,5	17,9	21,0	24,5	28,1	31,3	**31,4**	29,1	25,2	20,7	16,4
	m	**7,2**	7,9	9,1	11,3	13,6	16,5	19,4	20,5	18,5	14,7	11,8	8,9
	T/2	10,9	11,7	13,5	16,2	19,1	22,3	25,4	25,9	23,8	19,9	16,3	12,7
Kherrata Moyenne : 16,7	M	14,1	15,3	19,2	20,8	24,7	29,4	33,3	**33,9**	29,2	25,4	17,7	14,3
	m	4,1	4,1	6,0	8,0	11,6	15,4	17,6	18,2	15,9	11,4	7,1	**3,9**
	T/2	9,1	9,7	12,6	14,4	18,1	22,4	25,4	26,0	22.5	18,4	12,4	9,1

M : moyenne mensuelle des températures maximales; m : moyenne mensuelle des températures minimales et T/2 = M+m/2 : moyenne annuelle des températures.

1.2.3 - Synthèses bioclimatiques

Les bioclimats conditionnent la répartition géographique actuelle des êtres vivants et des biocénoses à la surface de la terre et dans les océans et déterminent, en même temps, leur périodicité annuelle, qui se manifeste partout par un rythme saisonnier régulier (ROBYNS, 1968).

1.2.3.1 - Diagramme ombrothermique

D'après BAGNOULS et GAUSSEN (1957) : un mois est considéré comme sec lorsque le total des précipitations P, exprimé en mm, est égal ou inférieur au double de la température moyenne T, du mois, exprimée en degré centigrade. Partant de ce principe, la durée et l'importance de la période sèche peuvent être déterminées par le diagramme ombrothermique proposé par ces deux auteurs. Ce diagramme est obtenu par un graphique où les mois de l'année sont en abscisse, les précipitations moyennes mensuelles (P en mm), en ordonnée de gauche, les températures (T en degrés centigrades), en ordonnée de droite et à une échelle double. La période sèche s'individualise lorsque la courbe des précipitations passe sous celle des températures, c'est à dire lorsque $P \leq 2T$. La période sèche est de trois à quatre mois dans la zone d'étude (Figure 5).

1.2.3.2 - Quotient pluviothermique et climagramme d'Emberger

Le quotient pluviothermique s'exprime par la formule suivante :

$$Q_2 = 1000 \, P/ \frac{(M+m)}{2} \, (M-m) \quad ou \quad \frac{2000 \, P}{M^2-m^2}$$

Où P représente la moyenne des précipitations annuelles en mm, (M) la moyenne des températures maximales du mois le plus chaud et (m) la moyenne des minima du mois le plus froid. Les températures étant exprimées en degré absolu ($0°C = 273,16°K$). Le (M) et le (m) représentent les seuils entre lesquels, dans un endroit donné, se déroule la vie végétale. Le facteur M+m/2 exprime la moyenne; M-m traduit l'amplitude thermique extrême ou la continentalité ou plus exactement l'évaporation (EMBERGER, 1930, 1936 et 1955). "D'une manière générale, un climat méditerranéen est d'autant moins sec que le quotient est plus grand"

Notons que si l'on préfère utiliser les températures en degrés Celsius, d'un maniement plus aisé (DAGET, 1977), l'expression de Q2 devient:

$$Q_2 = \frac{2\ 000\ P}{(M+m+546,4)\ (M-m)}$$

En combinant sur un climagramme (m) en abscisse et le quotient pluviothermique en ordonnée pour définir les étages bioclimatiques (ou ambiances bioclimatiques).

Béjaïa, Cap Carbon, Cap Sigli et Cap Afia se trouvent dans une ambiance bioclimatique subhumide, avec des variantes à hiver chaud à très chaud (Tableau 5). Jijel et Bougie se situent dans une ambiance bioclimatique humide à variantes à hiver chaud. Par contre la station de Djidjelli sera dans une ambiance bioclimatique perhumide à hiver très chaud et celle de Kherrata se trouve dans une ambiance bioclimatique subhumide à hiver tempéré (Figure 6).

Tableau 5 – Valeurs de M, m, P et du Q2 pour la zone d'étude

Stations	Altitude	M	m	P	Q2	Ambiance bioclimatique
Béjaïa	01,75	30,3	7,4	761	114	Sub-humide à hiver chaud
Bougie	09	30,9	8,1	972	145	humide à hiver chaud
Cap Carbon	225	29,7	9,1	780	129	Sub-humide à hiver très chaud
Cap Sigli	35	29,8	9,3	780	130	Sub-humide à hiver très chaud
Jijel	06	31,4	7,0	1010	141	Humide à hiver chaud
Djidjelli	06	30,2	8,3	1204	188	Perhumide à hiver chaud
Cap Afia	12	31,4	7,1	916	129	Sub-humide à hiver chaud
Kherrata	470	33,9	3,9	881	101	Sub-humide à hiver tempéré

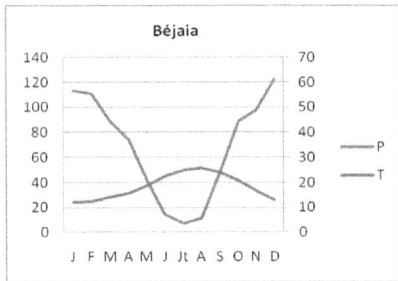

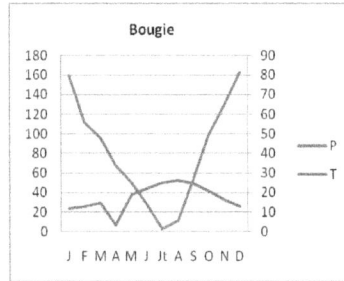

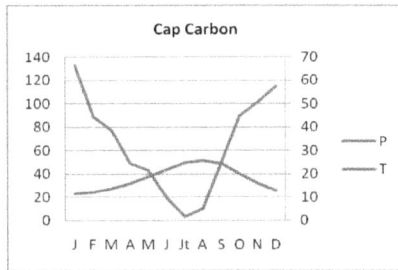

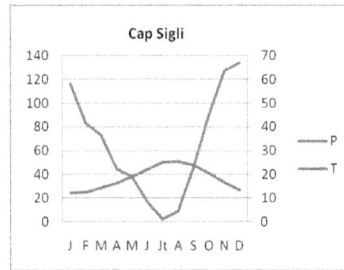

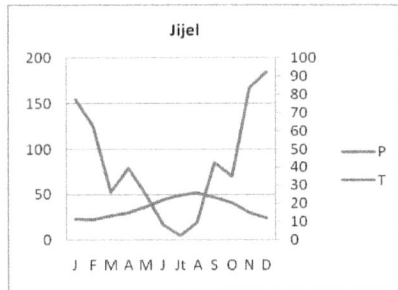

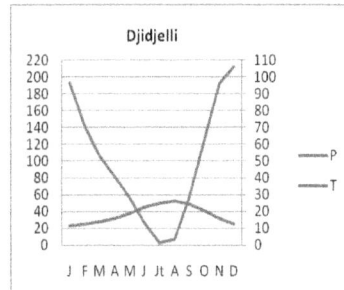

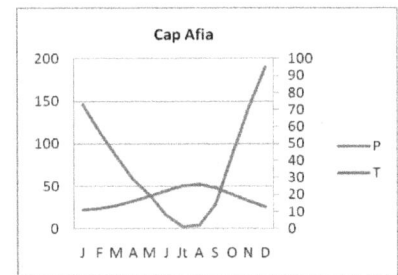

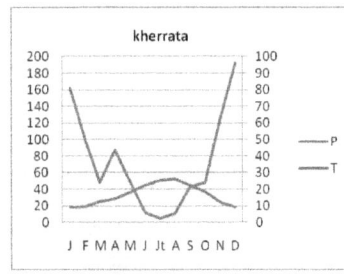

Figure 5 - Diagrammes ombrothermiques

19

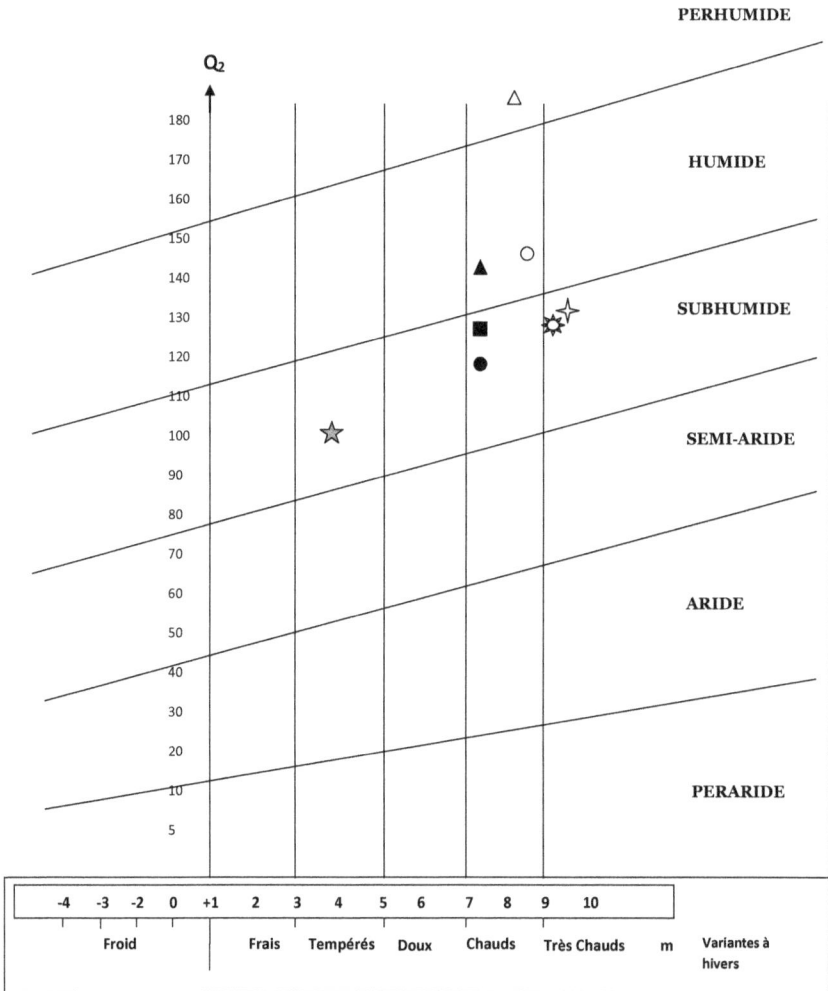

Figure 6 - Climagramme pluviothermique d'Emberger

Chapitre 1.3 - Cadre biogéographique

1.3.1- Les territoires biogéographiques

On distingue des empires caractérisés par un endémisme d'ordres ou de familles, subdivisés en régions à endémisme de familles et de genres. Les régions sont elles mêmes divisées en domaines, puis en secteurs, enfin en districts dont les taxons endémiques se situent respectivement au niveau du genre, de l'espèce et de la sous-espèce (LACOSTE & SALANON, 2005).

1.3.1.1 - Les empires continentaux

Le globe se trouve partagé en cinq grands empires terrestres faunistiques et floraux, souvent séparés par des zones de transition d'étendue variable (Figure 7): empire holarctique(ou boréal), empire néotropical (ou américain), empire africano-malgache (ou éthiopien), empire asiatico-pacifique (ou indo-malais et polynésien) et empire antarctique-australien (LACOSTE & SALANON, 2005).

La zone d'étude appartient à la région méditerranéenne de l'empire holarctique.

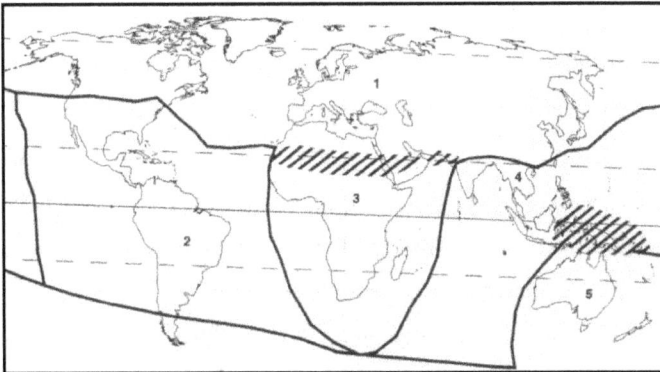

1. Empire holarctique. 2. Empire néotropical. 3. Empire africano-malgache. 4. Empire asiatico-pacifique. 5. Empire antarctique-australien (d'après Lemée)
Figure 7 - Les empires terrestres faunistiques et floraux (LACOSTE & SALANON. 2005)

1.3.2 - Cadre phytogéographique de l'Algérie

En se basant sur des critères géographiques, climatiques et botaniques, COSSON (1862, 1879) a défini, pour l 'Algérie, quatre régions botaniques. Cette subdivision permet de distinguer une "région méditerranéenne" correspondant à la partie tellienne du pays; une "région montagneuse" constituée par les hauts sommets des deux Atlas (tellien et saharien); une "région des hauts plateaux" englobant les vastes étendues steppiques et une "région saharienne" qui s'étend du piémont sud de l'Atlas Saharien jusqu'aux confins méridionaux du pays. Par la suite, LAPIE (1909) subdivise l'Algérie en "domaines" eux-mêmes subdivisés en "secteurs" à leur tour fractionnés en "districts". Ces subdivisions sont reprises et légèrement modifiées par les principaux auteurs qui ont abordé la phytogéographie algérienne et nord-africaine (MAIRE, 1926; PEYERIMHOFF, 1941; QUEZEL, 1978; QUEZEL et SANTA, 1962-63; BARRY et *al.*, 1976 et MEDDOUR, 2010).

1.3.3 - Principales subdivisions phytogéographiques de l'Algérie et de la zone d'étude

L'Afrique du Nord, non saharienne appartient à la "*Région méditerranéenne*", tandis que les territoires sahariens à la "*Région Saharo-arabique*". Ces deux régions font partie du "*Sous Empire Mésogeen*" de "*l'Empire Holartic*". La "*Région méditerranéenne*" se subdivise en deux sous régions : *Sous-région occidentale* comportant deux domaines : *Nord-Africain méditerranéen* et *Nord-Africain Steppique* et *Sous-région orientale,* elle aussi subdivisée en deux domaines : *Cyrénaïque- Méditerranéen* et *Est-Africain* (QUEZEL, 1978). L'Algérie se rattache à la *Sous-région occidentale*.

Le domaine "*nord-africain méditerranéen*" (QUEZEL, 1978) est appelé aussi domaine "*maurétanien méditerranéen*" (LAPIE, 1909 et 1914; MAIRE, 1926) ou domaine "*maghrébin méditerranéen*" (BARRY et al.1976). Le Domaine "*nord-africain steppique*" appelé "*maurétanien steppique*" ou "*maghrébin steppique*".

La zone d'étude appartient au domaine *Nord-Africain méditerranéen*. La végétation forestière, qui caractérise ce domaine, est bien illustrée par les forêts sclérophylles à chêne liège, les forêts caducifoliées à chêne zeen et à chêne afares des vallées de l'oued Taza situées à des altitudes proches du niveau de la mer et par la forêt à chêne zeen du djebel Babor (GHARZOULI, 2005b-2007). Ce domaine comprend plusieurs secteurs eux même subdivisés en districts.

Le site d'étude est une zone côtière appartient au secteur *Kabyle-Numidien* et au sous-secteur de Petite Kabylie (K2) (Figure 8).

D'après les travaux de MEDDOUR (2010) sur la nouvelle description et caractérisation des unités phytochorologiques de l'Algérie du Nord, la zone d'étude appartient au district de la Kabylie baboréenne (sous secteur de la petite kabylie) de secteur kabylo-annabi (secteur kabyle-numidien) du domaine maghrébo-tellien (domaine maghrébin méditerranéen).

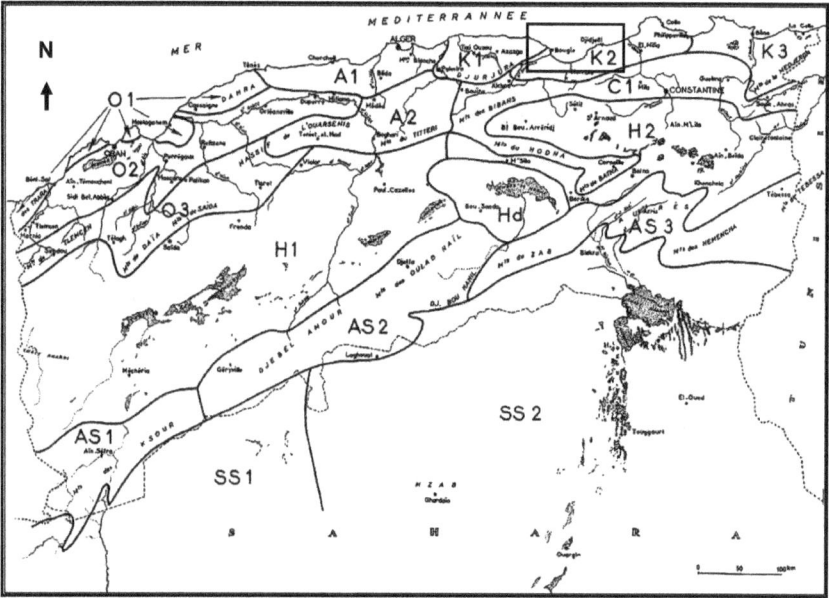

Légende :
K : Secteur Kabyle et Numidien, K1: Grande Kabylie, K2: Petite Kabylie,
K3: Numidie.
C1: Secteur du Tell constantinois. H2: Sous-secteur des Hauts-Plateaux
constantinois.

Figure 8 - Les subdivisions phytogéographiques du Nord de
l'Algérie (QUEZEL et SANTA, 1962)

PARTIE 2 - ETUDE DE LA VÉGÉTATION RUPESTRE

Chapitre 2.1 - Etat des lieux

L'étude de la classe *Crithmo-Limonietea* Br.-Bl. 1947, végétation de chasmophytes pionniers, aérohalins, des falaises maritimes méditerranéennes et atlantiques (Bardat *et al.*, 2001), a commencé avec MOLINIER (1934, 1935) en Provence, puis par BRAUN-BLANQUET (1947) en France Méditerranéenne Occidentale. Ces auteurs ont décrit la classe des *Crithmo-Limonietea* Br.-Bl. 1947 et l'ordre des *Crithmo-Limonietalia* Molinier 1934, en lui rattachant une alliance qu'ils ont qualifié de méditerranéenne, le *Crithmo-Limonion* Molinier 1934, non reconnue en Algérie (PONS & QUEZEL, 1955).

En Afrique du Nord, l'étude des phytocénoses des rochers maritimes a débuté avec POTTIER-ALAPETITE en 1954 à Zembra en Tunisie et avec PONS et QUEZEL (1955) en Algérie.

Les deux derniers auteurs ont proposé une alliance synendémique à l'Afrique du Nord : le *Plantaginion macrorrhizae* Pons et Quezel 1955, qui réunissait 7 associations décrites par ces auteurs. Puis, NEGRE (1964) individualise le *Crithmo-Staticetum gougetianae* Nègre 1964, végétation colonisant les anfractuosités des rochers et des falaises maritimes de l'algérois.

En sein de cette alliance, sur la côte septentrionale tunisienne, CHAABANE (1993, 1997) a décrit 4 associations et 7 sous-associations.

En Algérie, KHELIFI *et al.* (2008) ont décrit 3 associations à partir de nouvelles prospections du littoral rocheux ouest-algérois.

À partir de nouvelles prospections des végétations halo-chasmophytiques du littoral rocheux ouest-algérois, trois associations ont été décrites (Farsi-Siab, 2003 ; Khelifi *et al.*, 2008) : *Crithmo maritimi-Limonietum psilocladi* Khelifi *et al.*, 2008, *Arenario cerastioidis-Spergularietum tangerinae* Khelifi *et al.*, 2008 et *Parapholido incurvae-Limonietum echioidis* Khelifi *et al.*, 2008, se

25

rapportant respectivement aux classes des *Crithmo-Limonietea* Br.-Bl. 1947, des *Saginetea maritimae* Westh., Leeuw. & Adriani 1961 et des *Salicornietea fruticosae* Br.-Bl. & Tüxen ex A. Bolòs & O. Bolòs in A. Bolòs 1950.

La classe *Adiantetea capilli-veneris* Braun-Blanquet 1947 est représentée par des groupements des dépôts de tufs humides, des suintements des rochers et des murs humides aux étages inférieurs et moyens, dans les plaines et les basses montagnes calcaires de l'Europe moyenne et méridionale, caractérisées surtout par des Algues et des Mousses, dont, *Eucladium verticillatum* est une des meilleures caractéristiques (BRAUN-BLANQUET *et al.*, 1952).

En Algérie, des communautés relevant de cette classe et des *Adiantetalia* Braun-Blanquet 1931 et *Adiantion* Braun-Blanquet 1931, ont été mises en évidence, il s'agit des :

o *Trachelio coeruleae-Adiantetum capilli-veneris* Bolos 1957 : Végétation des parois rocheuses suintantes surplombant les grottes de la corniche kabyle et les parois rocheuses verticales et suintantes des gorges de Kherrata (*in* GEHU *et al.*, 1992).

o *Eucladio verticillati-Adiantetum* Braun-Blanquet 1931 : Végétation des falaises et des rochers tufeux littoraux de la région d'Alger (*in* WOJTERSKI, 1988).

La classe *Asplenietea rupestris* (H. Meier) Braun-Blanquet 1934 (= *Asplenietea trichomanis* (Braun-Blanquet *in* H. Meier et Braun-Blanquet 1934) Oberdorfer 1977) "réunit les groupements végétaux discontinus, qui peuplent les fissures des rochers et des murs dans tout l'hémisphère boréal. Ces groupements se composent surtout de chasmophytes adaptés aux conditions édaphiques et microclimatiques extrêmes et de quelques Hémicryptophytes et Phanérophytes. Rares dans les plaines,. Ils sont plus répandus et beaucoup plus variés dans les montagnes" (BRAUN-BLANQUET *et al.*, 1952 ; CANO et *al.*, 1997; TERZI et D'AMICO, 2008).

Au sein de cette classe, on distingue l'ordre des *Tinguarretalia siculae* Daumas, Quezel & Santa 1952, qui regroupe les associations du Sud de l'Espagne, de l'Afrique du Nord et de l'Italie méridionale (DEIL & GALAN DE MERA, 1996 ; DEIL & HAMMOUMI, 1997) et l'alliance du *Rupicapnion africanae* Daumas, Quezel & Santa 1952, du Sud de la Péninsule Ibérique et de l'Afrique du Nord (PERÉZ LATORRE & GALÁN DE MERA, 1997).

En Algérie, des communautés relevant de cette classe et de cet ordre colonisent les fissures et parois de rochers non suintants des principaux massifs calcaires (PONS et QUEZEL, 1955 ; KAABECHE *et al.*, 1998; BENSETTITI *et al.*, 2002).

En effet, DAUMAS *et al.* (1952) ont décrit 7 associations en Algérie appartenant au *Rupicapnion africanae* Daumas, Quezel & Santa 1952. Puis, PONS & QUEZEL (1955) y individualisent 4 autres associations au sein de cette alliance.

Chapitre 2.2 - Méthodologie

Le concept phytosociologique a été formulé à Montpellier en 1897, lorsque FLAHAULT publia son mémoire sur la végétation méditerranéenne (WALTER, 2006).

Plus tard en 1910, FLAHAUT et SCHRÖTER écrivirent : *Une association végétale est une communauté végétale de composition floristique déterminée, présentant une physionomie uniforme, et croissant dans des conditions stationnelles uniformes.*

En continuité avec ses prédécesseurs, Braun-Blanquet apparaît comme le fondateur de la phytosociologie moderne connue comme méthode de l'école de Zürich-Montpellier, en raison de la double origine méditerranéenne et alpine de la Station Internationale de Géobotanique (S.I.G.M.A.) qu'il a créé.

GUINOCHET (1973) définie l'association végétale comme une "combinaison originale d'espèces dont certaines, dites caractéristiques, lui sont plus particulièrement liées, les autres étant qualifiées de compagnes". Dans une association, il y a donc des espèces compagnes, et des espèces caractéristiques, indicatrices du milieu.

Pour la description du tapis végétal et des groupements végétaux de la zone d'étude, nous avons utilisé la méthode phytosociologique, qui consiste donc en la définition et la caractérisation des catégories phytosociologiques ou groupements végétaux (GOUNOT, 1969), principalement de niveau association végétale.

Chaque catégorie phytosociologique reçoit une nomenclature particulière. L'association est désignée à partir du nom de l'une ou de deux espèces caractéristiques en ajoutant le suffixe « *etum* » à la racine du nom du genre suivi du nom de l'épithète spécifique mis au génitif. La sous-association est désignée par le nom de l'association suivi du nom du genre d'une espèce différentielle, à la racine de laquelle on ajoute le suffixe « *etosum* ».

Les unités supérieures sont désignées de la même façon avec les suffixes suivants : « *ion* » : alliance ; « *etalia* » : ordre ; « *etea* » : classe (GUINOCHET, 1973).

Une association végétale est représentée sur le terrain par des individus d'associations. C'est sur ces individus d'association, objets concrets perçus sur le terrain, que va porter l'exécution du relevé floristique. Les relevés floristiques, complétés par l'indication des caractères écologiques, sont à la base de la description complète des associations végétales (GEHU & RIVAS MARTINEZ, 1981).

L'établissement des catégories phytosociologiques s'obtient par la comparaison des relevés entre eux. Pour cela, nous avons eu recours aux techniques numériques d'analyse des données les plus couramment utilisées en phytosociologie, à savoir l'analyse factorielle des correspondances (AFC) et la classification hiérarchique ascendante (CHA).

2.2.1 - Stratégie d'échantillonnage

Nous avons effectué plusieurs sorties de prospection, dont le principe repose sur l'exploration de la zone d'étude, pour voir l'accessibilité au terrain et avoir une vue d'ensemble des différents types de formations végétales existantes et enfin pour dégager des parcelles floristiquement homogènes.

Nos sorties sur le terrain se sont déroulées pendant les campagnes des années 2007, 2008 et 2009. Nous avons appliqué un échantillonnage subjectif, en tenant compte de deux éléments qui sont la variation de la structure de végétation et la variation des facteurs écologiques (altitude, exposition et pente).

2.2.2 - Relevés phytosociologiques

Le fondement méthodologique de la phytosociologique est le relevé de végétation. C'est un inventaire floristique accompagné d'indices semi-quantitatifs et qualitatifs (abondance-dominance, sociabilité) et de variables analytiques de niveau stationnel. Selon RAMEAU (1988), l'indice de sociabilité est subjectif par rapport à celui de l'abondance-dominance. La sociabilité est souvent en relation avec le type biologique des espèces et ne possède, de ce fait, qu'une valeur informative moindre comparée à celle de l'indice d'abondance-dominance ; aussi certains auteurs ne l'utilisent-ils plus (GEHU & RIVAS MARTINEZ, 1981).

Au sein des différents types de végétation, nous avons délimité des surfaces floristiquement homogènes, en tenant compte des paramètres écologiques les plus courants, tels que l'altitude, l'exposition et la pente. Le recouvrement de la végétation est aussi pris en considération. Nous avons ainsi réalisé 147 relevés floristiques. La surface des relevés varie selon les types de végétation : végétation des falaises, celle des rochers maritimes, celle des suintements humides, celle des cours d'eaux et celle des sources du golfe de

29

Béjaia, localisées entre Cap Sigli et Cap Noir. Cette aire varie entre 2 et 10 m².

Le tableau 6 (annexe 2) comporte la liste des relevés utilisés dans le cadre de cette étude. Nous y avons mentionné leur localisation géographique à l'aide d'un GPS (*geo-positioning system*) ainsi que leurs caractéristiques écologiques.

2.2.3 - Techniques numériques d'analyse des données

2.2.3.1 - Analyse factorielle des correspondances

L'analyse factorielle des correspondances est certainement l'une des meilleurs techniques d'analyses utilisées dans les traitements de données phytosociologiques (GEHU, 1980).

Cette technique a été très utilisée dans diverses études sur la végétation en Afrique du Nord. Nous citerons à titre d'exemples : LARIBI (2000), BOULAACHEB (2000, 2009), REBBAS (2002), SARRI (2002), KADIK-ACHOUBI (2005), GUENAFDI-YAHI (2007), GHARZOULI (2007), KHELIFI (2008), MEDDOUR (2010), MEDJAHDI (2010), BEGHAMI (2013).

L'analyse factorielle des correspondances, dont l'idée revient à BENZECRI, se propose, étant donné deux ensembles, par exemple dans notre cas, l'ensemble R des relevés et celui E des espèces, de les représenter sur une même carte, plane ou spatiale, de telle sorte que chaque relevé se trouve entouré de ses espèces et chaque espèce des relevés où elle figure. Ainsi, les relevés ressemblants et les espèces associées se trouvent groupés (GUINOCHET, 1973).

Comme le souligne LACOSTE (1972), l'un des intérêts fondamentaux de cette méthode est la représentation simultanée, dans un même espace et de manière symétrique, des relevés et des espèces, de telle sorte que chaque espèce se localise au sein du groupe auquel elle est la plus étroitement liée.

La proximité entre deux relevés signifie que leur composition floristique est voisine, alors que la proximité entre deux espèces signifie que les conditions stationnelles de leurs relevés sont voisines (M'HIRIT, 1982).

Selon DJEBAILI (1984), les points-relevés et les points-espèces forment des nuages présentant des axes d'allongement privilégiés. L'AFC a précisément pour objet de déterminer ces directions d'allongement.

L'axe des projections qui déforme le moins possible le nuage initial est celui qui rend maximal le moment d'inertie du nuage par rapport à cet axe. L'axe qui rend ce taux d'inertie maximal est appelé premier axe factoriel et son moment d'inertie deuxième valeur (la première valeur est égale à un). Le taux d'inertie d'un axe exprime la part d'information apportée par cet axe.

Le premier axe ne suffit pas pour expliquer à lui seul les relations entre les objets. On cherche alors un deuxième axe factoriel orthogonal au premier et rendant maximum le moment d'inertie du nuage. On peut ainsi extraire une suite d'axes factoriels de valeurs propres décroissantes et en nombre théoriquement égal à celui des variables moins un.

L'individualisation des communautés végétales par des méthodes d'ordination (ici AFC) est basée sur l'utilisation du critère présence-absence ou sur celui de l'abondance-dominance. Le choix de l'un ou de l'autre des deux critères n'y constitue pas un élément déterminant puisqu'on retrouve, à quelques nuances près, la même organisation d'un nuage de points-relevés. L'abondance dominance ne fait que « pollisser » la représentation des résultats en accentuant ou en atténuant certaines tendances (BONIN *et al.*, 1983 *in* BONIN & TATONI, 1990).

La mise en œuvre des méthodes d'ordination ne saurait être de nature à modifier l'approche sigmatiste de la végétation ; elle renforce son intérêt tout en accélérant le tri des relevés sans toutefois nuire à l'objectivité de l'interprétation (CHAABANE, 1993).

2.2.3.2 - La classification hiérarchique ascendante

Cette méthode cherche à regrouper par similitude les individus d'un ensemble donné (par exemple celui des relevés ou des espèces).

Cette similitude est estimée par un critère de proximité ou de distance choisi a priori (KAABECHE, 1990). En quoi consiste l'algorithme de base de la CAH ?

Partant de partition la plus fine (celle où chaque individu constitue une classe), il construit progressivement une suite de partitions emboîtées. A chaque étape, cet algorithme réunit deux classes de la partition ainsi obtenue précédemment, celles–ci étant les plus «proches » au sens du critère choisi (moment d'ordre 2). La construction s'arrête dès qu'il ne reste plus qu'une seule classe (partition la moins fine sur l'ensemble des individus).

A chaque niveau de la hiérarchie ainsi construite correspondent une partition et un indice numérique (analogue d'une distance entre les deux classes réunies à cette étape). Si n représente le nombre d'individus à classer, on voit que l'arbre hiérarchique comporte n-1 niveaux (nombre de partitions emboîtées hormis la répartition triviale).

Il est recommandé de prendre comme données de la CAH, les coordonnées des relevés (ou des espèces) sur les principaux axes extraits de l'AFC[1].

2.2.3.3 - Traitement des données

Nous avons utilisé le logiciel "anaphyto", mis au point au laboratoire de Biologie Végétale de l'Université Paris XI, Centre d'Orsay (BRIANE, 1992), pour le traitement numérique des données floristiques. Le traitement de l'ensemble des données est réalisé avec l'indice de présence-absence.

---

[1] Le traitement informatique des données a été réalisé par R. GHARZOULI de l'université de Sétif et par S. GACHET de l'Institut Méditerranéen d'Ecologie et de Paléoécologie, Université Paul-Cézanne, Marseille.

L'analyse factorielle des correspondances est suivie, systématiquement, de la classification ascendante hiérarchique.

Un code de quatre chiffres a été attribué à chaque relevé. Pour les espèces nous avons utilisé le codage de quatre lettres (exemple : RAMO = *Acanthus mollis* ; R=Rebbas et AMO = *Acanthus mollis*).

Les données traitées par AFC et CAH correspondent à une matrice de 147 relevés et 183 espèces. Lors de ce traitement des données, nous n'avons pas pris en considération les espèces présentes une fois.

En effet, malgré la valeur phytosociologique indiscutable de certaines espèces de faible fréquence, leur poids dans l'AFC tend à écarter les relevés qui les contiennent des noyaux de points auxquels ils devaient naturellement se rattacher (BONIN & TATONI, 1990).

Chapitre 2.3 - Individualisation des groupements végétaux par les méthodes numériques

2.3.1– Résultats et interprétations

2.3.1.1– Interprétation des résultats de l'analyse globale

a-Tableau des valeurs propres

Les valeurs propres et les taux d'inertie sont relativement élevés pour les deux premiers axes et deviennent faibles et pratiquement constants à partir du troisième axe (Tableau 6). Pour l'interprétation des résultats nous nous sommes limités aux trois premiers axes factoriels, qui absorbent 14,531 % de l'information.

Tableau 6 - Analyse globale : valeurs propres et taux d'inertie des principaux axes

Poids Total : 1919			
Inertie Totale : 12.051			
Axes	Valeurs propres	% d'inertie	% cumulé
1	0.668	5.544	05.544
2	0.652	5.409	10.953
3	0.431	3.578	14.531
4	0.375	3.108	17.639

B-Plans factoriels des relevés et des espèces

Sur ce plan factoriel 1-2, en nous aidant du dendrogramme de la classification hiérarchique ascendante (voir Figure 13), nous avons pu mettre en évidence deux ensembles de relevés qui se présentent ainsi (Figures 9 & 10) : Dans le secteur délimité par les côtés positif de l'axe 1 et positif de l'axe 2 se détache nettement l'ensemble I. Il est constitué d'un ensemble de relevés qui forment un nuage bien délimité. Ces relevés appartiennent aux formations végétales des sources, des cours d'eaux, des falaises et des suintements des rochers humides dans la région de Ziama, d'El Aouna, de cap Bouak et des gorges de Kherrata. Cet ensemble forme le groupe A. Il est constitué des 18 relevés.

L'ensemble II est constitué de 129 relevés et il se localise dans le secteur délimité par les cotés négatif de l'axe 1 et positif de l'axe 2 (groupes B, C, D, E et F). Ces relevés ont été effectués sur des rochers et falaises littoraux et aussi sur des rochers sublittoraux (tableau 7).

Sur le plan « 1-3 », les ensembles I et II sont aussi bien individualisés (Figure 13, annexe 2). L'ensemble I occupe toujours le côté positif de l'axe 1. L'ensemble II, dans le côté négatif de l'axe 1 a subi un allongement par rapport à l'axe 3.

Tableau 7 - Les groupements végétaux des ensembles I et II						
Ensemble I			**Ensemble II**			
Groupe A	Groupe B		Groupe C	Groupe D	Groupe E	Groupe F
129	140	124	146	92	132	102
127	139	121	144	95	116	99
126	49	118	147	93	114	96
22	48	117	145	81	115	87
18	142	111	94	78	88	91
31	141	106	39	63	42	45
43	70	119	37	85	29	135
21	55	109	38	79	8	136
3	47	107	36	76	6	89
14	46	112	35	66	17	133
12	51	131		68	15	98
73	59	108		65	16	32
7	50	125		67	13	100
10	60	28		82		101
9	53	113		80		97
120	86	110		64		30
34	74	41		90		103
4	75	40		83		33
	58	26		84		138
	54	25		61		5
	69	20				62
	143	23				137
	72	19				44
	71	11				
	56	2				
	77	1				
	57	105				
	52	104				
	123	24				
	122	134				
	130	27				
	128					

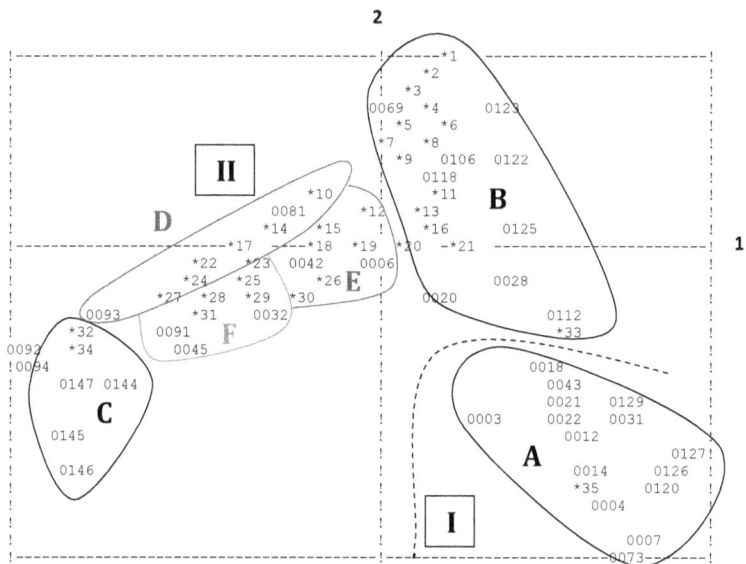

Points multiples :
*1: 0048--0139-0140-*2: 0141 -0047-0046-0055-0049-*3: 0142 -0059-0050-0070-*4: 0051 -0053-*5: 0052 -0117-0054-0074-
0071-0072-*6: 0130 -0128-0124-*7: 0075 -0060-0077-0119-0057-0086-*8: 0143 -0056-0121-*9: 0058 -0109-0107-0111-*10:
0078 -0088-*11: 0134 -0105-0027-*12:0116 -0114-*13: 0024 -0104-0011-*14: 0085 -0079-*15: 0115 -0002-*16: 0023 -0041-
0026-*17:0082-0076-*18: 0063--0029-*19: 0132--0001-*20: 0019--0040-*21: 0025--0113-0110-*22: 0080-0084-0061-*23: 0089 -
0137-0133-*24: 0068 -0066-0065-0083-0064-0100-0135-*25: 0101 -0138-0097-0016-0098-0102-*26: 0015 -0008-*27: 0090 -
0087-*28: 0033 -0096-0099-0044-*29: 0062 -0005-0136-*30: 0013 -0017-*31: 0030 -0103-0067-*32: 0038 -0095-0039-*33: 0108
-0131-*34: 0035 -0037-0036-*35: 0010 -0009-0034-

Figure 9 -Carte factorielle de l'ensemble des relevés « axes 1-2 »

(Analyse globale)

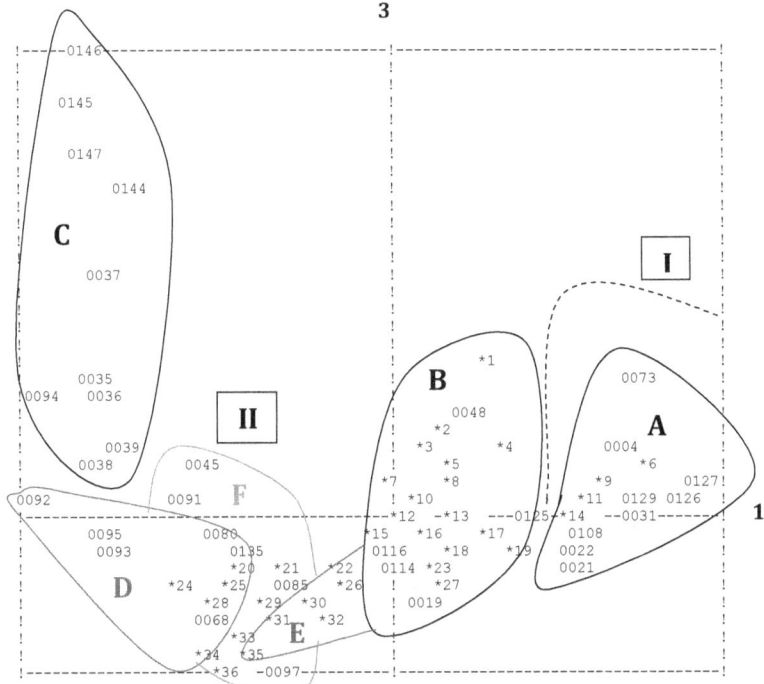

Points multiples :
*1: 0140 -0139-*2: 0141 -0046-0047-0049-*3: 0142 -0050-0059-0143-0051-0055-*4: 0123 -0122-*5: 0070 -0121-0124-*6: 0007 -0120-*7: 0069 -0077-0057-*8: 0053 -0071-0072-0130-0128-0056-*9: 0009 -0034-*10: 0052 -0117-0086-0074-*11: 0012 -0010-0131-*12: 0060-0058-0054-0107-*13: 0111--0106-0003-*14: 0043--0112-0014-*15: 0132 -0075-*16: 0109 -0119-0118- 0105-*17: 0113-0110-*18: 0041 -0104-0011-0134-0027-0026-*19: 0028 -0018-*20: 0064 -0099-0089-0136-0076-*21: 0079 - 0098-0102-0081-*22: 0115 -0088-0002-*23: 0024 -0040-0025-*24: 0090 -0087-*25: 0096 -0082-0062-*26: 0017 -0006-0001- *27: 0020 -0023-*28: 0065 -0083-0067-0084-*29: 0005 -0133-*30: 0013 -0078-0029-0008-*31: 0138 -0016-0042-*32: 0063 - 0015-*33: 0103 -0101-0137-0032-*34: 0066 -0030-*35: 0061 -0044-*36: 0033--0100-

Figure 10 - Carte factorielle de l'ensemble des relevés « axes 1-3 » (Analyse globale)

Nous observons la même dispersion des espèces sur le plan « 1-2 » et celui de « 1-3 ». Deux lots d'espèces se trouvent de part et d'autre de l'axe 1. Le premier lot correspond aux espèces des milieux humides et occupe le côté positif de l'axe 1 (ronds noirs). Le second lot (losanges) comprend les espèces se développant sur des rochers et des falaises et occupe le côté négatif de l'axe 1 (Figures 11 & 12).

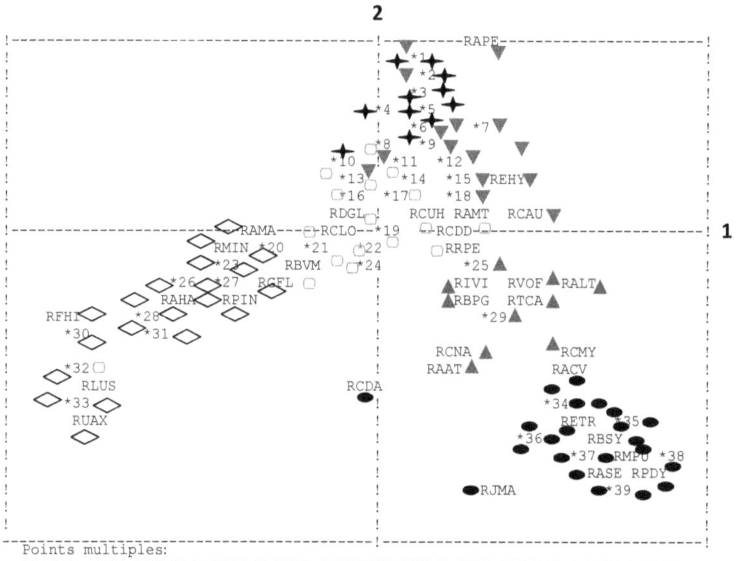

Points multiples:
*1: RTFL -ROCA-RTFR-RAAL-RTPO-*2: RPFS -RSCE-RSIN-RHHI-*3: RCJU -RLRO-RRAL-RCCH-RSSE-RPSA-RSSI-RSMI-RRLY-RFLA-RROF-*4: REDE -RBPL-RJFR-RLOL-RLMA-RPTR-RSMU-*5: RCHA -RRCL-RPAS-RHSA-RSDA-*6: RSAN -RMMI-RATR-RMAP-RCSI-RACA-RSGR-*7: RHRR -RABR-RHLA-*8: RETE -RHST-RUMA-*9: RPVU -RVIN-RCOF-RPMA-RGMC-RSDE-*10: RCSP -RCSU-RGBY-*11: ROEU -RVMU-ROXP-REMU-RAMO-RBDI-RCVS-RTAR-*12: RLIM -RPSO-RCRU-ROCO-*13: ROFI!-RAPA-RPAM-*14: RPLE -RBTR-RBFR-*15: RAAP -RSRO-*16: RCHU!-RPHA-RSPU-*17: RAAC -RVUL-RZTT-RPCA-*18: RPHE -RHHE-*19: RMAU-*20: RDCH -RSTE-RLCC-RSPH-RSNI-RHAL-*21: RVAC -RRPU-RHAC-RHEU-*22: RNIS -RSOC-RAST-*23: RBLA -RLRI-RPEC-RLDE-RLOV-*24: RHRL -RRPP-*25: RSAS -RPOR-RFCA-*26: RPCM -RLGO-RCAE-RMAC-*27: RSGA -RMAR-RICR-RHML-RCMA-*28: RPPA -RRBG-*29: RBRG -RSCS-RRUL-*30: RPAV -RRGI-RADE-*31: ROBA -RJAC-*32: RHCU -RSKA-*33: RLDR -RLMI-*34: RJAR -RNOL-*35: RSPE -RVIT-RCAL-*36: RPAQ -RSVA-*37: RGTO -RLJU-RDCM-RSHO-RMRO-*38: RPFR -READ-*39: REMA -RNOF-RHNO-REVE-RPCO-

Figure 11 - Carte factorielle de l'ensemble des espèces «axes 1-2»

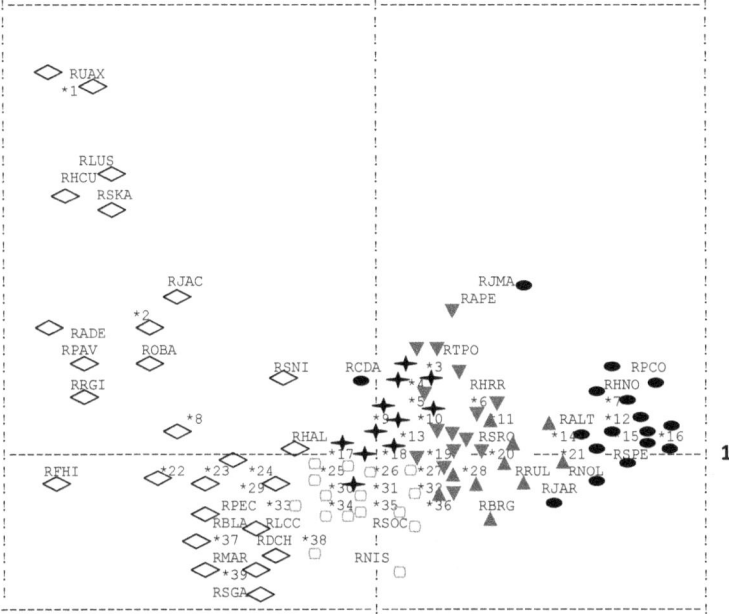

Points multiples:
*1: RLMI -RLDR-*2: RPPA -RRBG-*3: RTFR -RSCE-RAAL-RSIN-*4: ROCA -RTFL-RPFS-RSMI-RRLY-RAAP-
RHHI-RROF-*5: RCJU -RRAL-RSSE-RCCH-RPSA-RFLA-*6: RABR -RHLA-*7: RNOF -REMA-REVE-*8: RLGO -
RPIN-*9: REDE -RJFR-RSMU-RLRO-RLMA-*10: RPAS -RCHA-RHSA-RRCL-RCSI-RSSI-RSDA-*11: REHY -
RCAU-RVOF-*12: RMRO -RPDY-*13: RLOL -RBPL-RUMA-RPTR-RSAN-RMMI-RMAP-RACA-RPMA-RSGR-
*14: RSVA -RACV-RETR-RGTO-RSHO-RDCM-RASE-RBSY-*15: RMPU -RCAL-RVIT-*16: RPFR -READ-*17:
RCSP--ROFI-*18: RHST--RVMU-RBDI-RVIN-RATR-*19: RCOF--RCRU-RGMC-RPSO-RBFR-RSDE-ROCO-*20:
RFCA--RPOR-RTCA-RPAQ-*21: RCMY--RLJU-*22: RAHA -RPCM-RCAE-*23: RMAC -RLOV-*24: RCMA -
RSTE-RGFL-*25: RCLO -RGBY-*26: RETE -ROEU-RPLE-REMU-*27: RPVU -RCVS-RLIM-RCNA-RPHE-RAMT-
RHHE-RIVI-*28: RSAS -RSCS-*29: RHML -RAMA-*30: RDGL -RCHU-RCSU-RAPA-RPAM-*31: RSPU -RAAC-
ROXP-RVUL-RZTT-RCUH-RPCA-RAMO-*32: RTAR -RBTR-RCDD-RBPG-*33: RSPH -RBVM-*34: RHEU -
RPHA-RHRL-RRPP-*35: RMAU -RAST-*36: RAAT -RRPE-*37: RMIN -RICR-*38: RVAC -RRPU-RHAC-*39:
RLRI -RLDE-

Figure 12 - Carte factorielle de l'ensemble des espèces
«axes 1-3» (Analyse globale)

b- Dendrogramme

La classification hiérarchique ascendante donne les deux grands ensembles :
l'ensemble I (groupe A) correspondant aux habitats humides et l'ensemble II
correspondant aux habitats rocheux,. Cet ensemble peut être divisé en 5
groupements (Figure 13) : groupe B, groupe C, groupe D, groupe E et
groupe F.

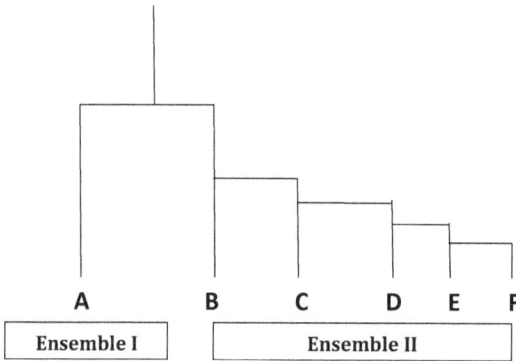

Figure 13 - Schéma du dendrogramme de la CAH / Relevés
(Analyse globale)

d-Signification écologiques des axes factoriels

Pour une meilleure interprétation des axes factoriels, seules les fortes
contributions relatives des relevés et des espèces ont été prises en compte.

- **Signification écologiques de l'axe 1**

Dans la partie positive de l'axe 1 se positionnent des relevés des habitats
humides (sources d'eaux, cours d'eaux et rochers humides) définissant
l'ensemble I. Ces relevés correspondent à des stations qui se situent au nord

entre 06 et 215 m d'altitude avec un recouvrement global de la végétation de 30 à 40 %.

Dans la partie négative de cet axe se trouvent les relevés appartenant aux milieux rocheux maritimes définissant l'ensemble **II**. Ces relevés correspondent à des stations qui se situent également au nord, à des altitudes plus basses comprises entre 02 et 15 m, avec un recouvrement global de la végétation de 30 à 50 % (tableau 8).

Tableau 8 – Contributions relatives des relevés à l'axe 1 et leurs caractéristiques écologiques

Partie positive						
Relevé	C.T.R.	Altitude m	Exposition	R. global%	*Pente (°)	Habitat
0127	0,164	183	N	40	30-60	Source d'eaux
0126	0,148	215	N	30	30-60	Source d'eaux
0129	0,102	215	N	30	30-60	Source d'eaux
0108	0,098	53	N	30	>90	Rocher humide
0043	0,074	6	N	30	30-60	Source d'eaux dégradée
0028	0,053	11	N	30	>90	Rocher humide
0110	0,049	64	N	30	60-90	Rocher humide
0031	0,039	18	NW	30	<10	Source d'eaux
Partie négative						
Relevé	C.T.R.	Altitude m	Exposition	R. global%	*Pente (°)	Habitat
0090	0,228	10	NW	30	60-90	Rocher maritime
0068	0,192	7	N	40	60-90	Rocher maritime
0065	0,181	14	N	40	0-30	Rocher maritime
0095	0,173	2	N	40	0-30	Rocher maritime
0083	0,172	7	N	40	0-30	Rocher maritime
0084	0,125	4	N	50	30-60	Rocher maritime
0045	0,125	7	NW	40	0-30	Rocher maritime
0099	0,113	7	N	30	30-60	Rocher maritime
0080	0,106	10	N	30	0-30	Rocher maritime
0079	0,104	15	N	50	30-60	Rocher maritime

*Classes des pentes : Pente renversée = 4 (>90°) ; pente forte = 3 (60-90°) ; pente moyenne = 2 (30-60°) ; pente faible = 1 (0-30°) ; pente nulle = 0 (<10°).

Les espèces définissant la partie positive de l'axe 1 se développent sur des milieux ombragées et humides, comme *Adiantum capillus-veneris, Trachelium caerulum*. La partie négative est définie par un lot d'espèces liées aux rochers maritimes sous l'influence des embruns marins : *Asteriscus maritimus, Plantago coronopus* subsp. *macrorrhiza, Limonium gougetianum, Crithmum maritimum* (tableau 9).

L'axe 1 sépare donc l'ensemble des groupements des milieux ombragés et humides, moins halophiles, voire moins halorésistants de celui des groupements des milieux halomorphes, liés aux influences des vagues maritimes. L'axe 1 exprime un gradient de salinité croissant corrélé principalement à l'altitude.

Tableau 9 – Contributions relatives des espèces à l'axe 1 et leur autécologie

Partie positive			
Codes	Espèces	C.T.R.	Autoécologie des espèces
RACV	*Adiantum capillus-veneris*	0,277	Lieux ombragés
RTCA	*Trachelium caerulum*	0,247	Rochers humides
RFCA	*Ficus carica*	0,146	Lieux humides
RIVI	*Inula viscosa*	0,125	Garrigues, rocailles, terrains argileux un peu humides
RRUL	*Rubus ulmifolius*	0,122	Forêts, broussailles
RSPE	*Salix pedicellata*	0,113	Lieux humides
RPOR	*Parietaria officinalis* subsp. *ramiflora*	0,093	Haies, décombres
RCMY	*Coriaria myrtifolia*	0,090	Haies, forêts; bords des oueds
RPFR	*Petasites fragrans*	0,080	Lieux frais
READ	*Eupatorium adenophorum*	0,080	Lieux humides
Partie négative			
Codes	Espèces	C.T.R.	Autoécologie des espèces
RAMA	*Asteriscus maritimus*	0,335	Rochers, coteaux pierreux, de l'intérieur, falaises maritimes
RPCM	*Plantago cornopus* subsp. *macrorrhiza*	0,327	Rochers maritimes
RLCC	*Lotus creticus* subsp. *cytisoides*	0,284	Sables maritimes du littoral
RAHA	*Atriplex hastata*	0,251	Champs, décombres
RLGO	*Limonium gougetianum*	0,239	Rochers maritimes
RCMA	*Crithmum maritimum*	0,199	Rochers maritimes
RPPA	*Phalaris paradoxa*	0,165	Champs, pâturages, surtout sur le terrain argileux
RHML	*Hordeum murinum* subsp. *leporinum*	0,136	Pâturages, cultures, décombres, clairières
RICR	*Inula crithmoides*	0,065	Lieux salés et aquatiques
RPIN	*Parapholis incurva*	0,044	Sables maritimes, pâturages humides

- **Signification écologiques de l'axe 2**

Les relevés des rochers et falaises sublittoraux se positionnent dans la partie positive de l'axe 2. Ils se situent au nord et au sud entre 13-215 m. Dans la partie négative de cet axe se trouvent les relevés appartenant aux sources d'eaux et cours d'eaux dégradées. Ils ont un recouvrement … de 30-40 % et ils se situent au nord à des altitudes comprises entre 02-45 m (Tableau 10).

Tableau 10– Contributions relatives des relevés à l'axe 2 et leurs caractéristiques écologiques

Partie positive						
Relevé	C.T.R.	Altitude m	Exposition	R. global%	Pente (°)	Habitat
0050	0,223	210	NE	40	60-90	Rocher sublittoral
0049	0,210	215	N	40	60-90	Rocher sublittoral
0046	0,182	214	S	50	60-90	Rocher sublittoral
0048	0,160	210	S	40	60-90	Rocher sublittoral
0047	0,158	208	SW	40	60-90	Rocher sublittoral
0059	0,134	91	S	30	60-90	Falaise sublittoral
0070	0,122	30	NW	40	60-90	Falaise sublittoral
0086	0,096	13	NW	40	60-90	Rocher sublittoral
0141	0,086	92	W	40	60-90	Falaise sublittoral
0055	0,079	92	N	40	60-90	Falaise sublittoral
Partie négative						
0007	0,270	02	NW	30	30-60	Cours d'eaux dégradée
0004	0,238	02	NW	30	30-60	Cours d'eaux dégradée
0010	0,192	45	N	30	0-30	Cours d'eaux
0014	0,185	07	N	30	0-30	Cours d'eaux dégradée
0009	0,175	40	N	30	30-60	Cours d'eaux dégradée
0021	0,129	03	N	40	30-60	Cours d'eaux
0073	0,128	07	S	40	30-60	Cours d'eaux dégradée
0120	0,125	30	N	30	0-30	Source d'eaux
0034	0,124	07	N	30	0-30	Cours d'eaux
0003	0,120	07	N	30	0-30	Source d'eaux dégradée

La plupart des espèces définissant la partie positive de l'axe 2 se développent sur des milieux rocheux humides et pâturages : *Sedum multiceps, Prasium majus, Brachypodium distachyum, Lobularia maritima, Sedum sediforme.* La partie négative est définie par un lot d'espèces liées aux milieux humides, comme *Samolus valerandi, Mentha rotundifolia, Brachypodium sylvaticum, Cynodon dactylon, Nasturtium officinale, Agrostis semiverticillata.* (Tableau 11).

L'axe 2 sépare l'ensemble des groupements liés aux milieux rocailleux de celui des groupements des milieux humides. Il exprime un gradient d'humidité corrélé à l'altitude.

Tableau 11 – Contributions relatives des espèces à l'axe 2 et leur autécologie

Codes	Espèces	C.T.R.	Autoécologie des espèces
Partie positive			
RSMU	*Sedum multiceps*	0,276	Rochers surtout calcaires
RPMA	*Prasium majus*	0,246	Broussailles, rocailles
RBDI	*Brachypodium distachyum*	0,235	Rocailles, broussailles, pâturages, clairières
RLMA	*Lobularia maritima*	0,201	Rocailles, sables
RSSE	*Sedum sediforme*	0,206	Rocailles
RPSA	*Phagnalon saxatile*	0,182	Rocailles, broussailles
RSDA	*Sedum dasyphyllum*	0,180	Rocailles
RHST	*Helichrysum stoechas* subsp. *rupestre*	0179	Falaises et sables maritimes, rochers, forêts
RRCL	*Ruta chalepensis* subsp. *latifolia*	0,169	Rocailles, pelouses arides
RSIN	*Sinapis pubescens* var. *serrata*	0,155	Champs, pâturages
Partie négative			
RSVA	*Samolus valerandi*	0,379	Lieux humides
RMRO	*Mentha rotundifolia*	0,272	Lieux humides et inondés
RBSY	*Brachypodium sylvaticum*	0,268	Broussailles et forêts fraiches
RCDA	*Cynodon dactylon*	0,219	Lieux humides, cultures, pâturages
RNOF	*Nasturtium officinale*	0,201	Lieux humides
RASE	*Agrostis semiverticillata*	0,183	Lieux humides
RHNO	*Helosciadium nodiflorum*	0,176	Canaux, rivières, lacs
RPDY	*Pulicaria dysenterica*	0,175	Fossés, marais, bords des eaux
RNOL	*Nerium oleander*	0,165	Lits des oueds, rocailles humides
RLJU	*Lythrum junceum*	0,160	Lieux humides

- **Signification écologiques de l'axe 3**

Dans le plan formé par les axes 1-3, l'axe 3 oppose, dans sa partie positive des relevés des rochers maritimes avec alvéoles aux relevés des milieux rocheux et cailouteux, dans sa partie négative (Tableau 12).

Tableau 12 – Contributions relatives des relevés à l'axe 3 et leurs caractéristiques écologiques

Relevé	C.T.R.	Altitude m	Exposition	R. global %	Pente (°)	Habitat
Partie positive						
0146	0,491	09	NW	30	<10	Rocher maritime (dalle avec alvéoles)
0145	0,349	11	N	20	<10	Rocher maritime (dalle avec alvéoles)
0144	0,303	08	SW	20	10-30	Rocher maritime (dalle avec alvéoles)
0147	0,190	05	NW	20	<10	Rocher maritime (dalle avec alvéoles)

Relevé	C.T.R.	Altitude m	Exposition	R. global %	Pente (°)	Habitat
0097	0,103	04	N	30	10-30	Rocheux et caillouteux
0033	0,100	15	NE	40	30-60	Rocheux et caillouteux
0044	0,092	02	NE	40	60-90	Rocheux
0032	0,072	04	N	40	60-90	Rocheux et caillouteux

Les espèces à forte contribution qui se cantonnent dans cette partie positive sont des halophytes des rochers maritimes, comme *Limonium minutum, Lotus drepanocarpus,* etc.

Les espèces à forte contribution dans la partie négative de l'axe 3 sont pour la plupart des espèces moins halophiles, des rochers, des broussailles, des pâturages et des forêts comme, *Daucus carota* subsp. *hispanicus, Reichardia picroides* subsp. *picroides, Hyoseris radiata* subsp. *lucida, Lolium rigidum* et *Dactylis glomerata* (Tableau 13). L'axe 3 traduit un gradient de salure, corrélé à la pente nettement plus élevée dans la partie négative de l'axe 3.

Tableau 13 – Contributions relatives des espèces à l'axe 3 et leur autécologie

Codes	Espèces	C.T.R.	Autoécologie des espèces
Partie positive			
RLMI	*Limonium minutum*	0,422	Rochers maritimes
RLDR	*Lotus drepanocarpus*	0,422	Rochers maritimes
RUAX	*Urginea fugax*	0,369	Forêts, broussailles, pâturages
RHCU	*Heliotropium curassavicum*	0,343	Lieux humides
RSKA	*Salsola kali* subsp. *kali*	0,263	Sables surtout maritimes
RLUS	*Sporobolus pungens*	0,260	Sables maritimes
Partie négative			
RDCH	*Daucus carota* subsp. *hispanicus*	0,216	Rocailles maritimes
RRPP	*Reichardia picroides* subsp. *picroides*	0,146	Rochers, rocailles, forêts, pâturages, falaises et sables littoraux
RHRL	*Hyoseris radiata* subsp. *lucida*	0,132	Rochers, rocailles, pâturages
RLRI	*Lolium rigidum*	0,117	Broussailles, pâturages
RDGL	*Dactylis glomerata*	0,115	Broussailles, pâturages, forêts
RMAU	*Ampelodesma mauritanicum*	0,080	Forêts, broussailles

2.3.1.2– Interprétation des résultats de l'analyse partielle du groupe B

a- Valeurs propres

Les valeurs propres et les taux d'inertie sont relativement élevés pour le premier axe et deviennent faibles et pratiquement constants à partir du deuxième axe (Tableau 14).

Les trois premiers axes absorbent 19,493 % de l'information. Le premier plan absorbe à lui seul 14,019 % de l'information.

Tableau 14 - Valeurs propres et taux d'inertie des principaux axes

Poids Total : 974			
Inertie Totale : 6.114			
Axes	Valeurs propres	% d'inertie	% cumulé
1	0.491	8.031	08.031
2	0.366	5.988	14.019
3	0.335	5.474	19.493
4	0.314	5.130	24.623

b - Plan factoriel des relevés

La matrice partielle des 63 relevés et 112 espèces de l'ensemble B a été analysée. A partir du plan factoriel «1-2» (Figure 14), quatre groupes différents sont mis en évidence et peuvent être, ainsi, interprétés :

Le sous-groupe B1 (27 relevés) se détache facilement du noyau et s'individualise nettement. Le sous-groupe B2 est formé de 11 relevés ; le sous-groupe B3 comporte 25 relevés.

c - Dendrogramme du groupe B

La classification hiérarchique ascendante effectuée sur l'ensemble B nous donne les résultats suivants (Figure 15) : groupe B1 (27 relevés: B1a/12 relevés et B1b/15 relevés) ; le groupe B2 (11 relevés) et le groupe B3 avec 25 relevés (B3a : 17 relevés et B3b : 8 relevés).

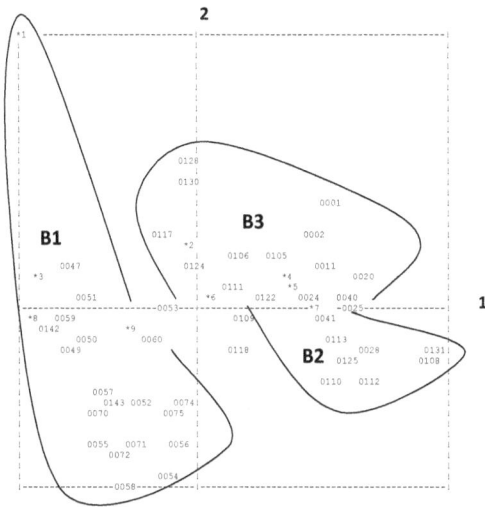

*1: 0140--0139-*2: 0119 -0121-*3: 0048 -0046-
*4: 0104 -0134-*5: 0027 -0023-*6: 0123 -0107-
*7: 0019--0026-*8: 0069 -0141-*9: 0086 -0077-

Figure 14 - Carte factorielle du groupe B des relevés « axes 1-2 »

(Analyse partielle)

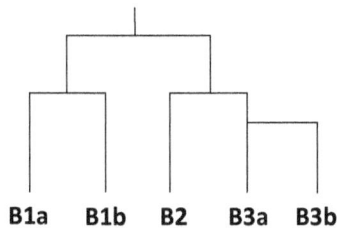

Figure   15 - Schéma du dendrogramme de la CAH / Relevés du groupe B

(Analyse partielle)

Chapitre 2.4 – Statut et caractérisation phytosociologique des groupements individualisés

Le système de classification de la végétatón selon la composition floristique et la valeur sociologique des espèces - l'approche de BRAUN-BLANQUET (1964) - mène à une typologie hiérarchisée (classes, ordres, alliances, associations). Cette hiérarchisation des syntaxons est le résultat d'une gradation de la valeur écologique des taxons. Un système phytosociologique ressemble à une analyse factorielle dans le fait qu'il reflète hiérarchisation des facteurs écologiques et des processus évolutifs de l'adaptation des espèces. Appliquée aux groupements des rochers compacts de la région méditerranéenne, cette réflexion mène à la conclusion suivante: Falaises littorales avec des conditions aéro-halines (*Crithmo-Limonietea*), surplombs à eau suintante (*Adiantetea capilli-veneris*) et rochers et balmes séches non salinées (*Asplenietea trichomanis*) sont les trois grands types du milieu rupicole (DEIL & GALAN DE MERA, 1996).

2.4.1- Groupe A : *Trachelio-Adiantetum* O. Bolós 1957 (incl. *Trachelio-Adiantetum* sensu Gehu et al. 1992)

a – Physionomie et Synécologie

Il s'agit d'une végétation chasmophytique, d'une hauteur de moyenne ne dépassant pas les 50 cm, dominée par *Adiantum capillus-veneris* et *Trachelium caerulum* auxquels s'ajoute *Samolus valerandi*. Ce groupement est caractérisé par un recouvrement compris entre 30 et 50 % et qui s'étend sur de faibles surfaces. Groupement des rochers et des falaises humides (Tableau 15).

b- Synchorologie et synsystématique

L'association *Trachelio-Adiantetum* O. Bolós 1957 est rattachée à la classe des *Adiantetea capilli-veneris* Br.-Bl. in Br.-Bl., Roussine & Nègre 1952, à l'ordre des *Adiantetalia capilli-veneris* Br.-Bl. ex Horvatic 1939 et à l'alliance des *Adiantion capilli-veneris* Br.-Bl. ex Horvatic 1939 (DEIL, 1998; BARDAT et *al.*, 2001 ; NETO et *al.*, 2007).

Comme l'indique DEIL & GALAN DE MERA (1996) cette association est largement distribuée autour du bassin ouest-méditerranéen et aux Iles de Canaries dans les étages thermo- et mesoméditerranéen, ce groupement peut être observe sous différentes formes: Une phase normale à eau suintante permanente, une phase à *Didymodon tophaceus* à eau périodique et la sous-association *hypericetosum metroi* Deil 1996, un stade évolutif vers l'Ass. à *Hypericum metroi* et *Carex pendula* Sauvage 1956, exclusivement dans la région du Jebel Tazzeka (Ras el Ma).

Eucladio-Adiantetum Br.-Bl. ex Horvatiç 1934 (relevés 4 et 7), l'association basale de la classe, caractérisée par les espèces de haute constance et dominance (*Eucladium verticillatum*, *Adiantum capillus-veneris*), est de distribution circum-méditerranéene, la sous-association *pteridietosum vittatae* (Brullo et *al.* 1989) Deil 1996 sud méditerranéenne.

En Algérie, cette association a été observée sur des parois rocheuses suintantes surplombant les grottes de la corniche kabyle et les parois rocheuses verticales et suintantes des gorges de Kherrata (*in* GEHU et *al.*, 1992) et sur les falaises abrupte, ombragée et suintante avec un tapis dense, accompagné par *Samolus valerandi* et *Eucladium verticillatum* entre Ain Taya et El Marsa (in WOJTERSKI, 1988).

Au niveau de *Trachelio-Adiantetum* O. Bolós 1957, des espèces transgressives de différentes classes sont présents, comme *Hyoseris radiata* subsp. *lucida* et *Ficus carica* (*Asplenietea rupestris*) ; *Mentha rotundifolia*, *Scirpus holoschoenus* et *Pulicaria dysenteria* (*Molinio-Juncetea*) sont fréquents.

Dans notre travail, nous avons rencontré ce groupement sur des rochers, falaises et au bord des sources dans les localités suivantes : la cascade de

Kefrida, les sources des gorges de Kherrata (Anser Azegza), Cap Bouak, avant le petit tunnel du Cap Aokas (Béjaïa), oued Ziama, la plage rouge, la plage Ouldja, la plage de la cité Azirou Amar, la plage de Ziama, la plage d'Aouana (Jijel) (Figure 16).

Figure 16 - a- Station à *Eucladio-Adiantetum* Br.-Bl. ex Horvatiç 1934 (Relevé 7, plage Ouldja, Ziama-Jijel) ; b- *Eucladium verticillatum*; c- Station à *Trachelio-Adiantetum* O. Bolós 1957, en amont de la cascade de Kefrida (Relevé 129, en présence de *Pteris vittata*) ; d- La cascade de Kefrida (Photos : K. Rebbas, 2007)

9783838143811 — page 55 of 264

Tableau 15 - Groupe A : _Trachelio-Adiantetum_ O. Bolós 1957 (incl. _Trachelio-Adiantetum_ sensu Gehu et al. 1992)

N° de Relevés	129	127	126	34	14	22	21	12	10	9	31	43	120	73	4	18	3	Fr.
Altitude (m)	256	183	215	7	7	2	3	17	45	40	18	6	30	7	2	14	7	ab.
Exposition	NW	N	N	N	N	N	N	NW	N	N	NW	N	N	S	NW	N	N	
Inclinaison (classe)	2	2	2	1	1	2	2	1	1	2	0	2	1	3	3	4	1	
Recouvrement (%)	40	40	30	40	40	40	40	40	30	30	30	30	30	50	30	40	30	
Surface (m²)	10	10	10	10	4	10	4	4	9	5	4	10	8	10	10	4	10	2
EC d'association																		
Adiantum capillus-veneris	2	2	2	2	2	2	2	3	2	3	+	1	2	2	2	2	1	18
Trachelium caerulum	1	2	2	1	.	+	2	2	.	.	+	2	.	1	1	1	.	11
EC des unités supérieures (_Adiantion, Adiantetalia, Adiantetea_)																		
Samolus valerandi	1	1	1	1	+	+	1	1	r	1	.	1	1	1	1	+	1	17
Pteris vittata	r	r	.	.	.	.	.	.	.	.	.	.	.	.	.	.	.	2
Eucladium verticillatum	.	.	.	.	.	.	.	.	.	.	.	.	.	1	1	.	.	2
Hypericum androsaemum	+	.	.	.	.	.	.	.	.	.	.	.	.	.	.	.	.	1
EC des _Quercetea ilicis_																		
Rubus ulmifolius	.	+	.	.	.	.	r	+	+	.	r	.	.	.	.	.	.	6
Smilax aspera	.	.	.	r	r	r	r	.	.	.	.	.	.	.	.	.	.	4
Ampelodesma mauritanicum	1	.	.	.	+	+	+	.	.	.	.	.	.	.	.	.	.	3
Pistacea lentiscus	.	.	.	.	r	+	+	.	.	.	.	.	.	.	.	.	.	2
Rubia peregrina	.	.	.	r	.	.	r	.	.	.	.	.	.	.	.	.	.	2
EC des _Asplenietea rupestris_																		
Hyoseris radiata subsp. _lucida_	.	.	.	+	1	.	2	1	.	.	.	1	.	2	1	r	+	9
Ficus carica	r	+	+	.	.	.	.	.	r	r	.	r	.	r	r	.	.	8
EC des _Molinio-Juncetea_																		
Mentha rotundifolia	+	+	+	.	.	.	.	1	2	1	.	.	.	r	r	r	.	8
Scirpus holoschoenus	.	.	.	r	.	r	.	r	.	.	.	.	.	r	.	.	.	4
Pulicaria dysenteria	.	+	+	.	.	.	.	r	.	.	.	.	.	r	r	.	.	4

51

Espèce	Total
Equisetum maximum	3
Juncus articulatus	2
Autres espèces*	
Brachypodium sylvaticum	10
Reichardia picroides subsp. *picroides*	9
Inula viscosa	9
Cynodon dactylon	7
Agrostis semiverticillata	6
Nerium oleander	6
Nasturtium officinale	6
Helosciadium nodiflorum	5
Lythrum junceum	5
Parietaria officinalis subsp. *ramiflora*	4
Juncus maritimus	4
Pteridium aquilinum	4
Galactites tomentosa	4
Salix pedicellata	4
Coriaria myrtifolia	3
Plantago major	3
Blakstonia perfoliata subsp. *grandiflora*	3
Campanula dichotoma	2
Daucus carota	2
Campanula alata	2
Mentha pulgenium	2
Petasites fragrans	2
Scabiosa atropurpurea	2
Eupaterium adenophorum	2

EC: espèces caratéristiques. ***Autres espèces** (présence une fois, annexe 2$_{(2)}$). **Classes des pentes** : Pente renversée : 4 (>90°), Pente forte : 3 (60-90°), Pente moyenne : 2 (30-60°), Pente faible : 1 (10-30°) et Pente nulle : 0 (<10°)

2.4.2- Groupe B1a : Association à *Bupleurum plantagineum* et *Hypochoeris saldensis* Pons et Quézel 1955

a – Physionomie et Synécologie

Ce groupement correspond à une végétation rupicole, dominée par *Bupleurum plantagineum* et *Hypochoeris saldensis* des rochers calcaires compacts verticaux exposés au Nord sur le Cap Carbon de Béjaia (PONS et QUEZEL, 1955).

Dans notre édition, cette association se présente avec un recouvrement compris entre 30 et 40%, entre 30 à 204 m d'altitude sur des rochers calcaires (Tableau 16).

Des espèces rares et endémiques s'y rencontrent dans ce groupement :

- *Bupleurum plantagineum,* espèce très isolée en Algérie, affine d'après Battandier, de *B. salicifolium* des Canaries et de *B. dumosum* du SW marocain.
- *Hypochoeris saldensis*, unique représentant du sous genre *Piptopogonopsis* Batt.
- *Silene sessionis,* vicariant du *S. fruticosa* du littoral sicilien (PONS et QUEZEL, 1955).
- *Erysimum cheiri* (L.) Crantz subsp. *inexpectans* Véla, Ouarmim & Dubset, endémique de Cap carbon (Ouarmim et *al.*, 2013).

b- Synchorologie et synsystématique

Cette association est rattachée à la classe *Asplenietea rupestris* (H. Meier) Braun-Blanquet 1934 (= *Asplenietea trichomanis* (Braun-Blanquet *in* H. Meier et Braun-Blanquet 1934) Oberdorfer 1977), à l'ordre des *Tinguarretalia siculae* Daumas, Quezel & Santa 1952 et à l'alliance des *Rupicapnion africanae* Daumas, Quezel & Santa 1952.

DAUMAS & al. (1952) ont proposé l'ordre *Tinguarretalia siculae* pour encadrer les associations du Midi de l'Espagne, de l'Afrique du Nord et de l'Italie méridionale.

Espèces caractéristiques du *Poterion ancistroidis* du Maroc et de l'Algérie: *Chiliadenus rupestris, Erodium hymenodes, Euphorbia bivonae, Galium brunnaeum* s.str., G. b. subsp. *claudonis, G. ephedroides, Putoria brevifolia, Sedum gypsicola* subsp. *glandulosum, S. multiceps, Silene auriculifolia, S. patula.* Bien que *Sanguisorba ancistroides* donne le nom à l'alliance, la distribution de cette Rosacée n'est pas restreinte au Maroc Oriental et à l'Algérie Occidentale, mais on la trouve aussi dans la partie ibérique du Levante, à Granada (WILLKOMM 1880) et dans tout le Maroc (BRAUN-BLANQUET & MAIRE 1924). Pour cette raison *Sanguisorba ancistroides* est un taxon caractéristique des *Tinguarretalia* (in DEIL & GALAN DE MERA, 1996).

Parmi les caractéristiques de l'association: *Lithospermum rosmarinifolium*, essentiellement chasmophyte au parc national de Gouraya et qui ne possède que quelques rares stations sur le littoral algérien et l'Italie méridionale (PONS et QUEZEL, 1955).

Nous avons observé ce groupement dans le parc national de Gouraya, sur le versant nord du Cap Carbon, du Cap Bouak, de la pointe Noire et de Djebel Gouraya (Figure 17).

Figure 17 - a- Station à *Bupleurum plantagineum* et *Hypochoeris saldensis* (Relevé 71, les falaises du Cap Bouak) ; b- *Silene sessionis*; c- *Bupleurum plantagineum*; d- *Hypochoeris saldensis* (Photos : K. Rebbas, 2007)

Tableau 16 - Groupe B1a: Association à *Bupleurum plantagineum* et *Hypochoeris saldensis* Pons et Quézel 1955

N° de Relevés	60	52	75	74	58	56	55	54	71	70	72	57	Fr
Altitude (m)	47	204	124	158	78	58	92	98	40	30	39	76	ab
Exposition	N	N	N	NW	N	N	N	N	NW	NW	N	S	
Inclinaison (classe)	3	3	3	3	3	3	3	3	3	3	3	3	
Recouvrement (%)	40	30	40	40	40	40	40	40	40	40	30	30	
Surface (m²)	10	10	10	10	10	10	10	10	10	10	10	10	
EC d'association													
Buplereum plantagineum	2	+	1	1	+	+	1	.	1	2	.	.	9
Hypochoeris saldensis	.	.	1	.	2	1	1	+	1	r	1	.	8
Lithospermum rosmarinifolium	+	.	.	r	.	.	r	.	.	.	.	.	3
Cheiranthus cheiri subsp. *inexpectans*	.	r	.	.	.	.	.	.	r	r	.	.	3
Silene sessionis	.	.	.	.	.	.	.	.	r	r	.	.	2

EC des unités supérieures *(Rupicapnion, Tinguarretalia, Asplenietea)*

Sanguisorba ancistroides	.	.	2	1	3	2	.	3	3	+	1	2	9
Sedum multiceps	2	.	.	.	.	.	+	.	+	2	+	1	6
Capparis spinosa	.	.	.	.	r	+	.	.	.	+	+	r	5
Melica minuta	.	r	r	r	.	.	.	.	.	+	.	.	4
Ficus carica	.	.	.	.	.	.	.	.	r	.	r	r	3
Sedum dasyphylum	r	.	.	.	.	.	+	.	.	.	.	+	3
Centranthus ruber	.	.	.	+	.	+	.	.	.	r	.	.	3
Sedum pubescens	+	+	.	.	.	.	.	.	.	.	.	.	2
Sedum sediforme	.	.	.	.	.	.	r	.	.	+	.	.	2
Phagnalon saxatile	.	.	.	.	.	.	.	.	.	.	r	.	1
Phyllitis hemionitis	.	.	.	.	.	r	.	.	.	.	.	.	1
Hyoseris radiata subsp. *lucida*	.	.	+	.	.	.	.	.	.	.	.	.	1
Calendula suffruticosa	.	.	+	.	.	.	.	.	.	.	.	.	1

EC des *Crithmo-Limonietea*

Helichrysum stoechas subsp. *rupestre*	.	1	r	.	+	.	+	r	r	r	+	1	9
Asteriscus maritimus	1	1	+	.	+	.	.	+	.	.	.	+	6
Dactylis glomerata	+	r	+	+	.	.	.	.	.	.	.	.	4
Galium mollugo subsp. *corrudaefolium*	.	.	+	+	.	.	.	.	+	+	.	.	4
Daucus carota subsp hispanicus	r	.	r	.	.	.	.	.	.	.	.	.	2

EC des *Quercetea ilicis*

Prasium majus	.	+	+	+	.	+	+	.	+	+	r	.	8
Pistacia lentiscus	.	.	r	r	r	.	.	.	r	+	.	.	5
Buplereum fruticosum	r	+	+	+	.	.	.	.	.	.	.	.	4
Euphorbia dendroides	.	.	r	.	.	.	.	.	r	1	.	.	3
Coronilla junceum	.	.	+	+	.	.	.	.	.	.	.	.	2
Phyllirea angustifolia subsp. *media*	.	.	r	r	.	.	.	.	.	.	.	.	2
Smilax aspera	.	.	.	.	r	.	.	.	r	.	.	.	2
Asparagus acutifolius	.	.	r	r	.	.	.	.	.	.	.	.	2
Ampelodesma mauritanicum	.	.	.	.	.	.	.	.	r	r	.	.	2

EC des *Rosmarinetea officinalis*

Erica multiflora	+	.	1	+	+	1	+	+	.	.	.	.	7
Rosmarinus officinalis var. *prostratus*	.	.	.	.	.	r	r	.	.	.	.	.	2
Ruta chalepensis subsp. *latifolia*	.	.	.	.	.	.	.	.	r	r	.	.	2

EC des *Thero-Brachypodietea*

Brachypodium distachium	+	r	.	.	+	.	.	.	.	+	.	r	5

Autres espèces

Pimpinella tragium	.	r	+	+	.	.	+	.	.	.	.	.	4

2.4.3- Groupe B1b : Groupement à *Sedum multiceps* et *Phagnalon saxatile*

a – Physionomie et Synécologie

Ce groupement correspond à une végétation rupicole, dominée par *Sedum multiceps* et *Phagnalon saxatile* et il se présente avec un recouvrement compris entre 20 et 50%, entre 13 à 530 m d'altitude (Tableau 17).

A basse altitude, Plusieurs espèces des *Crithmo-Limonietea* Braun-Blanquet, 1947 accompagnent ce groupement. Par contre à des altitudes élevées on note la présence des espèces des *Quercetea ilicis* Braun-Blanquet, 1947 et des *Rosmarinetea officinalis* Braun-Blanquet, 1947.

b- Synchorologie et synsystématique

Le groupement est rattachée à la classe *Asplenietea rupestris* (H. Meier) Braun-Blanquet 1934 (= *Asplenietea trichomanis* (Braun-Blanquet *in* H. Meier et Braun-Blanquet 1934) Oberdorfer 1977), à l'ordre des *Tinguarretalia siculae* Daumas, Quezel & Santa 1952 et à l'alliance des *Rupicapnion africanae* Daumas, Quezel & Santa 1952.

Ce groupement a été observé dans notre travail sur les rochers sublittoraux du Pic des singes, du Cap Carbon, de la Pointe Noire, du Cap Bouak et du versant nord de Djebel Gouraya et celui de Djebel Oufarnou (Figure 18).

En exposition sud, sur les rochers escarpés près de sémaphore du Cap Ténès que PONS et QUEZEL (1955) ont décrit le groupement à *Phagnalon sordidum* et *Asplenium petrarchae.* Ce groupement présente des affinités avec l'association à *Phagnalon sordidum* et *Asplenium petrarchae* décrite par Molinier en 1934 aux environs de Marseille.

A noter que dans notre dition, les relevés 139 et 140 effectués sur le versant sud de Djebel Gouraya constituent le groupement à *Phagnalon sordidum* et *Asplenium petrarchae.*

L'association *Pennisetum setaceum* subsp. *asperifolium* et *Pancratium foetidum* var. *saldense* a été décrit par PONS et QUEZEL (1955) sur les rochers calcaires compacts en exposition sud dans la région du Cap Carbon. Cette association a été observé sur des rochers calcaires du Cap Carbon et de la Pointe Noire en exposition sud (Tableau 17, relevés 46, 47, 48, 59).

Figure 18 - a- Versant nord-ouest de Djebel Oufranou; b- Station à *Sedum multiceps* et *Phagnalon saxatile* (Relevé 86) ; c- *Pancratium foetidum* var. *saldense*; d- *Phagnalon saxatile* (Photos : K. Rebbas, 2007-2009)

Tableau 17 - Groupe B1b : Groupement à *Sedum multiceps* et *Phagnalon saxatile*

N° de Relevés	140	139	86	77	51	50	49	142	141	143	69	59	47	48	46	Fr
Altitude (m)	530	523	13	44	204	210	215	81	92	63	15	91	208	210	214	ab
Exposition	S	S	NW	N	N	NE	N	W	W	N	N	S	SW	S	S	
Inclinaison (classe)	1	2	3	2	3	3	3	3	3	4	3	3	3	3	3	
Recouvrement (%)	30	20	40	30	30	40	40	40	40	30	40	30	40	40	50	
Surface (m²)	10	8	10	10	10	10	10	10	10	10	10	10	10	10	10	
Sedum multiceps	.	.	3	2	.	1	1	2	2	1	.	.	r	+	r	10
Phagnalon saxatile	r	r	+	r	.	r	+	r	.	.	.	.	r	+	r	10
EC des unités supérieures *(Rupicapnion, Tinguarretalia, Asplenietea)*																
Sedum sediforme	+	1	+	1	.	+	.	.	.	.	+	+	+	.	+	9
Centranthus ruber	.	.	.	.	+	r	.	.	.	.	.	.	+	+	+	5
Sedum dasyphylum	.	.	.	.	.	+	.	.	.	.	.	.	1	1	1	4
Pennisetum setaceum subsp. *asperifolium*	.	.	.	.	.	.	.	.	.	.	.	1	3	2	3	4
Pancratium foetidum var. *saldense*	.	.	.	.	.	.	.	1	1	r	.	+	.	.	.	4
Phagnalon sordidum	1	1	.	.	.	.	.	.	.	.	.	.	.	.	.	2
Asplenium petrarchae	r	r	.	.	.	.	.	.	.	.	.	.	.	.	.	2
Melica minuta	.	.	.	.	.	+	+	.	.	.	.	.	.	.	.	2
Buplerleum plantagineum	.	.	.	.	.	r	r	.	.	.	.	.	.	.	.	2
Hypochoeris saldensis	.	.	r	.	1	.	.	.	.	.	.	.	.	.	.	2
Ficus carica	.	.	.	r	.	.	.	.	.	r	.	.	.	.	.	2
Orozypsis caerulescens	.	.	.	.	.	.	.	+	1	.	.	.	.	.	.	2
Teucrium flavum	.	.	.	.	.	.	.	r	+	.	.	.	.	.	.	2
Ceterach officinarum	.	.	.	.	.	.	.	.	r	.	.	.	.	.	.	1
Lithospermum rosmarinifolium	.	.	.	.	.	+	.	.	.	.	.	.	.	.	.	1
Sedum pubescens	.	.	+	.	.	.	.	.	.	.	.	.	.	.	.	1
EC des Crithmo-Limonietea																
Lobularia maritima	r	+	+	.	r	r	.	+	+	.	r	r	r	r	r	12
Capparis spinosa	.	r	.	.	.	.	r	.	2	1	+	+	1	r		8
Helichrysum stoechas subsp. *rupestre*	.	1	+	.	1	1	+	r	r	.	+	.	.	.		8
Dactylis glomerata	.	.	1	.	+	+	+	r	.	.	.	.	.	.		5
Asteriscus maritimus	.	.	.	1	r	.	.	.	.	.	2	+	.	.		4
Artemisea arborensis	.	.	.	.	.	r	.	+	+	.	.	.	.	.		3
EC des Quercetea ilicis																
Euphorbia dendroides	.	.	.	+	.	+	+	2	2	.	+	.	1	r	r	9
Prasium majus	r	r	.	.	1	+	+	.	.	.	.	r	+	.	+	8
Coronilla junceum	.	.	r	.	r	r	r	.	.	.	r	r	.	r		7
Teucrium fruticans	r	r	.	.	.	1	+	+	.	.	.	.	.	+		6
Rhamnus alaternus	.	.	.	.	.	r	+	+	r	.	.	.	r	r		6
Pistacia lentiscus	.	.	r	.	r	.	+	.	.	.	r	r	.	.		5
Phyllirea angustifolia subsp. *media*	.	.	r	.	r	.	.	r	r	.	.	.	.	.		4
Rhamnus lycioides	.	.	.	.	r	+	.	.	.	.	r	.	+	.		4
Olea europaea	.	.	.	.	.	.	.	.	.	.	.	.	r	r		2

59

	1	2	3	4	5	6	7	8	9	10	11	12	13	14	
Asparagus albus	.	.	.	.	.	.	.	.	.	.	r	r	.		2
EC des *Rosmarinetea officinalis*															
Rosmarinus officinalis var. *prostratus*	.	.	.	+	+	+	.	.	.	.	r	+	+	.	6
Ruta chalepensis subsp. *latifolia*	.	.	r	.	.	.	r	+	+	.	r	.	r	.	6
Satureja graeca	.	.	.	.	.	.	.	.	.	.	.	+	.	+	2
Teucrium polium subsp. *capitatum*	r	r	.	.	.	.	.	.	.	.	.	.	.		2
Erica multiflora	.	.	+	.	.	r	.	.	.	.	.	.	.		2
Autres espèces															
Brachypodium distachium	.	.	+	+	.	+	+	+	+	.	+	+	+	+	11
Sinapis pubescens	.	r	.	.	.	+	+	.	.	.	.	r	+	r	6
Urginea maritima	.	.	.	.	.	.	+	.	r	.	.	r	.	+	4
Carex halleriana	.	.	.	.	r	.	+	+	+	.	.	.	.		4
Opuntia ficus indica	.	.	.	.	.	.	.	.	.	.	+	r	.	r	3
Galium mollugo subsp. *corrudaefolium*	.	.	.	.	.	+	+	.	.	.	.	.	.		2
Asperula cynanchica subsp. *aristata*	.	.	.	.	.	.	.	r	r	.	.	.	.		2
Sonchus tenerrimus	.	.	+	.	.	.	.	r	.	.	.	.	.		2
Cheiranthus cheiri subsp. *inexpectans*	.	.	.	.	.	+	+	.	.	.	.	.	.		2
Anagallis arvensis	r	+	.	.	.	.	.	.	.	.	.	.	.		2

2.4.4- Groupe B2 : Groupement à *Antirrhinum majus* subsp. *tortuosum* et *Parietaria officinalis* subsp. *ramiflora*

a – Physionomie et Synécologie

Ce groupement correspond à une végétation rupicole, dominée par *Antirrhinum majus* subsp. *tortuosum* et *Parietaria officinalis* subsp. *ramiflora*. Il se présente avec un recouvrement compris entre 30 et 40%, entre 11 à 454 m d'altitude (Tableau 18).

b- Synchorologie et synsystématique

Nous proposons de rattacher ce groupement à la classe *Asplenietea rupestris* (H. Meier) Braun-Blanquet 1934 (= *Asplenietea trichomanis* Braun-Blanquet *in* H. Meier et Braun-Blanquet 1934, Oberdorfer 1977), à l'ordre des *Tinguarretalia siculae* Daumas, Quezel & Santa 1952 et à l'alliance des *Rupicapnion africanae* Daumas, Quezel & Santa 1952 (PONS & QUEZEL, 1955 ; DEIL & GALAN DE MERA, 1996; TERZI et D'AMICO, 2008; GIANGUZZI & LA MANTIA, 2008). Ce groupement a été observé dans le cadre de notre travail sur les rochers des Gorges de Kherrata (Chaabet El Akhera), du Melbou, du Cap Aokas et des grottes merveilleuses (Jijel) (Figure 19).

Figure 19 - a- *Rupicapnos numidica* (Relevé 125, Les gorges de Kherrata) ; b- *Antirrhinum majus* subsp. *tortuosum*; c- *Parietaria officinalis* subsp. *ramiflora* (Photos : K. Rebbas, 2007)

Tableau 18 - Groupe B2 : Groupement à *Antirrhinum majus* subsp. *tortuosum* et *Parietaria officinalis* subsp. *ramiflora*

N° de Relevés	123	125	122	124	121	110	28	113	131	112	108	Fr.
Altitude (m)	321	299	321	294	454	64	11	24	18	12	53	ab.
Exposition	N	SE	NW	SW	N	N	N	N	SE	N	N	
Inclinaison (classe)	3	3	3	2	3	3	4	4	1	4	4	
Recouvrement (%)	30	40	30	30	30	30	30	40	40	40	30	
Surface (m²)	10	10	10	10	10	10	10	10	10	10	10	
Antirrhinum majus subsp. *tortuosum*	r	1	r	r	+	r	1	1	.	r	r	10
Parietaria officinalis subsp. *ramiflora*	+	+	+	.	.	1	.	2	+	1	1	8
EC des unités supérieures *(Rupicapnion, Tinguarretalia, Asplenietea)*												
Ficus carica	.	r	r	.	.	r	.	+	1	+	r	7
Phagnalon sordidum	r	+	+	.	2	.	.	.	.	.	.	4
Sedum dasyphylum	r	.	+	.	r	.	.	.	.	.	.	3
Centranthus ruber	.	+	r	.	r	.	.	.	.	.	.	3

Espèce												
Hyoseris radiata subsp. *radiata*	+	.	+	.	1	.	.	.	.	.	.	3
Sanguisorba ancistroides	1	1	.	.	.	.	.	.	.	.	.	2
Sedum sediforme	.	.	.	+	r	.	.	.	.	.	.	2
Melica minuta	.	.	.	.	1	r	.	.	.	.	.	2
Erodium hymenoides	.	r	r	.	.	.	.	.	.	.	.	2
Sedum multiceps	.	.	.	1	r	.	.	.	.	.	.	2
Rupicapnos numidica	.	+	.	.	.	.	.	.	.	.	.	1
Calendula suffruticosa	.	.	.	+	.	.	.	.	.	.	.	1
Campanula erinis	.	.	.	r	.	.	.	.	.	.	.	1
Senecio nebrodensis subsp. *rupestris*	.	.	r	.	.	.	.	.	.	.	.	1
Polygala rupestris	.	.	.	.	r	.	.	.	.	.	.	1
Hyoseris radiata subsp. *lucida*	.	.	.	.	.	+	.	.	.	.	.	1
EC des *Quercetea ilicis*												
Pistacia lentiscus	.	r	.	.	r	.	r	r	.	.	.	4
Prasium majus	r	.	1	r	.	.	.	.	.	.	.	3
Smilax aspera	.	.	.	.	.	.	r	r	.	r	.	3
EC des *Adiantetea capilli-veneris*												
Adiantum capillus veneris	.	+	r	.	.	+	+	1	1	2	1	8
Trachelium caerulum	.	+	+	.	1	.	+	+	r	+	1	8
EC des *Rosmarinetea officinalis*												
Rosmarinus officinalis	1	.	1	.	+	.	.	.	.	.	.	3
Fumana laevipes	.	.	.	+	+	.	.	.	.	.	.	2
Erica multiflora	.	r	.	.	.	+	.	.	.	.	.	2
Autres espèces												
Inula viscosa	.	+	.	.	r	r	+	+	.	.	.	5
Dactylis glomerata	.	+	.	+	2	.	+	.	.	.	.	4
Avena bromoides subsp. *australis*	+	.	+	+	+	.	.	.	.	.	.	4
Galium mollugo subsp. corrudaefolium	+	+	+	+	.	.	.	.	.	.	.	4
Hypochoeris laevigata	+	.	1	1	r	.	.	.	.	.	.	4
Brachypodium distachium	r	.	+	.	+	.	.	.	.	.	.	3
Phyllitis hemniotis	.	.	.	.	.	+	r	r	.	.	.	3
Reichardia picroides subsp. *picroides*	.	.	.	.	+	.	.	+	.	.	.	2
Helichrysum stoechas subsp. *rupestre*	.	.	.	r	1	.	.	.	.	.	.	2
Sinapis pubescens	.	.	.	r	+	.	.	.	.	.	.	2
Santolina rosmarinifolia	.	r	.	r	.	.	.	.	.	.	.	2

2.4.5- Groupe B3a - Groupement à *Phagnalon sordidum* et *Centranthus ruber*

a – Physionomie et Synécologie

C'est une végétation rupicole, dominée par *Phagnalon sordidum* et *Centranthus ruber.* Du point de vue stationnel, ce groupement colonise les rochers et Il est caractérisé par un recouvrement compris entre 30 et 40%, à des altitudes variant entre 5 à 104 m. (Tableau 19, Figure 20).

b- Synchorologie et synsystématique

Ce groupement est rattaché à la classe des *Asplenietea rupestris* (H. Meier) Braun-Blanquet 1934 (= *Asplenietea trichomanis* Braun-Blanquet *in* H. Meier et Braun-Blanquet 1934, Oberdorfer 1977), à l'ordre des *Tinguarretalia siculae* Daumas, Quezel & Santa 1952 et à l'alliance des *Rupicapnion africanae* Daumas, Quezel & Santa 1952.

Nous avons observé ce groupement sur les rochers et falaises sublittoraux des localités suivantes: Cap Aokas, Pointe noire (Béjaia), la plage Ouldja, plage rouge, Ziama, Oued Timeridjene, Grottes merveilleuses, plage Aftis (Jijel) et sur un ancien mûr Romain de la cite Azirou Amar (Ziama).

Figure 20 - a- Station à *Phagnalon sordidum* et *Centranthus ruber* (Relevé 11, la cite Azirou Amar - Ziama); b- *Phagnalon sordidum* (Photos : K. Rebbas, 2007)

Tableau 19 - Groupe B3a : Groupement à *Phagnalon sordidum* et *Centranthus ruber*

N° de Relevés	111	2	1	109	118	53	11	26	25	41	40	27	23	134	20	24	19	Fr.
Altitude (m)	5	9	9	62	67	104	35	13	30	51	29	44	13	50	10	23	13	ab.
Exposition	NE	NW	NW	NE	NE	N	NW	N	N	N	N	N	N	N	N	N	N	
Inclinaison (classe)	3	2	2	2	3	3	3	3	3	3	3	3	3	3	2	3	3	
Recouvrement (%)	30	30	30	30	30	40	40	30	30	40	40	40	30	30	40	30	40	
Surface (m²)	10	4	4	10	10	10	10	10	10	10	10	10	10	10	10	10	10	
Centranthus ruber	.	.	.	1	r	r	r	+	+	.	+	+	r	r	.	.	.	10
Phagnalon sordidum	.	1	+	.	.	.	2	1	.	1	1	r	.	2	.	.	.	8
EC des unités supérieures (*Rupicapnion, Tinguarretalia, Asplenietea*)																		
Hyoseris radiata subsp. *lucida*	+	+	.	+	1	.	.	.	2	.	2	.	+	2	+	2	.	9
Antirrhinum majus subsp. *tortuosum*	.	+	.	+	.	.	r	+	+	+	+	+	+	.	.	.	.	8
Sedum pubescens	.	.	+	+	r	+	.	.	+	+	+	+	.	.	.	.	.	7
Ficus carica	.	.	.	r	.	r	r	.	r	r	r	.	.	.	.	r	.	6
Sedum multiceps	+	.	.	2	1	1	.	.	.	.	.	.	.	.	.	.	.	4
Sedum dasyphyllum	+	.	.	+	.	.	.	.	.	.	.	.	.	.	.	.	.	2
Phagnalon saxatile	+	.	.	.	.	+	.	.	.	.	.	.	.	.	.	.	.	2
Cotyledon umbilicus subsp. *horizontalis*	.	.	.	.	.	.	r	.	.	.	.	.	r	r	.	.	.	3
Parietaria officinalis subsp. *ramiflora*	.	.	.	.	.	.	1	.	.	.	+	.	.	.	.	.	.	3
Melica minuta	.	.	.	+	+	+	.	.	.	.	.	.	.	.	.	.	.	3
Polypodium vulgare	r	.	.	+	.	.	.	.	.	.	.	.	.	.	.	.	.	2
Asplenium trichomanes	r	.	.	r	.	.	.	.	.	.	.	.	.	.	.	.	.	2
Ceterach officinarum	.	.	.	.	.	.	.	.	.	.	.	.	r	.	.	.	.	2
Tinguarra sicula	.	.	r	.	.	.	.	.	.	.	.	.	.	.	.	.	.	1
Asplenium trichomanes	.	.	.	.	.	r	.	.	.	.	.	.	.	.	.	.	.	1

EC des Quercetea ilicis

Espèce	N
Pistachia lentiscus	14
Prasium majus	10
Ampelodesma mauritanicum	9
Bupleureum fruticosum	7
Rubia peregrina	6
Coronilla valentina subsp. speciosa	5
Olea europaea	4
Rubus ulmifolius	4
Asparagus acutifolius	4
Phyllirea angustifolia subsp. media	3
Smilax aspera	3
Asparagus acutifolius	2

EC des Crithmo–Limonietea

Espèce	N
Dactylis glomerata	11
Catapodium loliaceum	11
Galium mollugo subsp. corrudaefolium	7
Lotus creticus subsp. cytisoides	5
Phyllitis hemionitis	5
Helichrysum stoechas subsp. rupestre	2
Crithmumu maritimum	2

EC des Rosmarinetea officinalis

Espèce	N
Erica multiflora	4
Ruta chalepensis subsp. latifolia	2
Satureja calamintha subsp. sylvatica	2

EC des Thero–Brachypodietea

Espèce	N
Brachypodium distachium	9
Inula viscosa	9

Autres espèces

Espèce																					
Reichardia picroides subsp. picroides	+	r	1	1	1	+	.	1	.	.	+	+	+	+	+	r	+	+	.	+	13
Trachelium caerulum	r	.	.	.	.	.	+	.	+	+	+	+	+	r	r	.	r	.	r	9
Campanula dichotoma s.l.	.	.	.	.	.	+	+	+	+	+	.	.	.	.	.	r	9
Allium paniculatum	r	r	r	.	.	r	.	r	r	r	+	.	.	.	.	.	3
Lagurus ovatus	.	.	.	+	.	.	.	+	+	.	.	.	.	.	.	3
Glacium flavum	.	r	r	.	.	.	.	.	.	.	.	.	.	.	2
Putoria calabrica	.	.	.	.	.	.	.	.	.	.	r	.	.	2
Carex halleriana	.	.	r	+	.	.	.	.	.	.	.	.	r	2
Hordeum murinum subsp. leporinum	.	.	.	.	.	r	+	r	.	.	.	.	.	2

67

2.4.6- Groupe B3b - Groupement à *Pennisetum setaceum* subsp. *asperifolium* et *Phagnalon sordidum*

a – Physionomie et Synécologie

C'est une végétation rupicole, dominée par *Pennisetum setaceum* subsp. *asperifolium* et *Phagnalon sordidum*. Ce groupement est caractérisé par un recouvrement compris entre 30 et 40%, et il se trouve entre 10 à 208 m d'altitude, aux expositions dominantes sud (Tableau 20, Figure 21).

b- Synchorologie et synsystématique

Ce groupement est rattaché à la classe des *Asplenietea rupestris* (H. Meier) Braun-Blanquet 1934 (= *Asplenietea trichomanis* Braun-Blanquet *in* H. Meier et Braun-Blanquet 1934, Oberdorfer 1977), à l'ordre des *Tinguarretalia siculae* Daumas, Quezel & Santa 1952 et à l'alliance des *Rupicapnion africanae* Daumas, Quezel & Santa 1952.

Nous avons observé ce groupement sur les rochers et falaises sublittoraux du Cap Aokas (Tala Khaled), de Melbou et en amont de la cascade de Kefrida.

Figure 21 - a- Station à *Pennisetum setaceum* subsp. *asperifolium* et *Phagnalon sordidum* (Relevé 106, Tala Khaled, Cap Aokas); b- *Pennisetum setaceum* subsp. *asperifolium* et *Phagnalon sordidum* (Photos : K. Rebbas, 2007)

Tableau 20 - Groupe B3b : Groupement à *Pennisetum setaceum* subsp. *asperifolium* et *Phagnalon sordidum*

N° de Relevés	106	105	128	130	117	119	104	107	Fr.
Altitude (m)	43	42	208	10	32	66	41	46	ab.
Exposition	S	NW	S	SE	S	S	N	NE	
Inclinaison (classe)	3	3	3	2	3	3	3	3	
Recouvrement (%)	40	30	30	40	30	30	30	40	
Surface (m²)	10	10	10	10	10	10	10	10	
Pennisetum setaceum subsp. *asperifolium*	3	r	1	1	2	1	r	r	8
Phagnalon sordidum	2	1	2	1	2	2	1	r	8
EC des unités supérieures *(Rupicapnion, Tinguarretalia, Asplenietea)*									
Sedum pubescens	+	+	+	1	.	r	.	.	4
Hyoseris radiata subsp. *lucida*	.	+	.	r	.	.	1	1	4
Centranthus ruber	r	1	.	r	.	.	+	.	4
Sedum sediforme	.	.	.	r	r	r	.	.	3
Sedum dasyphyllum	.	.	+	1	.	.	.	+	3
Antirrhinum majus subsp. *tortuosum*	+	.	.	.	.	.	1	+	3
Sedum multiceps	.	.	.	+	.	.	.	1	2
Phagnalon rupestris	.	r	r	.	.	.	.	.	2
Hypparrhenia hirta	.	.	+	+	.	.	.	.	2
Phagnalon saxatile	.	.	.	.	.	.	r	.	1
Ceterach officinarum	.	.	r	.	.	.	.	.	1
EC des *Quercetea ilicis*									
Pistachia lentiscus	.	.	r	r	+	r	r	r	6
Prasium majus	.	+	+	.	+	+	+	r	6
Ampelodesma mauritanicum	.	1	+	.	.	.	1	r	4
Phyllirea angustifolia subsp. *media*	.	.	.	.	r	r	r	.	3
Ceratonia siliqua	.	.	r	.	r	.	.	r	3
Coronilla valentina subsp. *speciosa*	.	.	.	.	r	r	.	.	2
EC des *Crithmo-Limonietea*									
Helichrysum stoechas subsp. *rupestre*	+	+	r	.	+	r	.	.	5
Galium mollugo subsp. *corrudaefolium*	+	+	.	.	.	.	+	+	4
Dactylis glomerata	.	+	.	.	.	.	1	1	3
Lobularia maritima	.	.	.	r	r	.	.	.	2
Catapodium loliaceum	.	r	.	.	.	.	.	+	2
EC des *Rosmarinetea officinalis*									
Fumana laevipes	.	.	+	r	+	.	.	.	3
Erica multiflora	.	.	.	.	r	.	.	+	2
Ruta chalepensis subsp. *latifolia*	.	.	.	.	r	.	.	r	2

EC des *Thero-Brachypodietea*									
Brachypodium distachium	+	+	.	1	1	+	+	+	7
Inula viscosa	+	r	.	.	.	.	+	.	3
Allium paniculatum	.	.	r	1	.	.	.	.	2
Autres espèces									
Putoria calabrica	+	1	r	.	.	.	+	.	4
Atractylis cancellata	+	+	.	+	+	.	.	.	4
Reichardia picroides subsp. *picroides*	+	.	.	.	.	.	1	1	3
Urginea maritima var. *numidica*	.	.	.	.	r	r	.	r	3
Euphorbia terracina	.	.	.	.	r	r	.	.	2
Blackstonia perfoliata subsp. *grandiflora*	.	+	.	.	.	.	+	.	2
Gladiolus byzantinus	.	.	.	.	r	r	.	.	2
Trachelium caerulum	.	+	.	.	.	.	+	.	2

2.4.7- Groupe C1: Association à *Silene sedoides* et *Limonium minutum* Pons et Quezel 1955

a – Physionomie et Synécologie

Ce groupement correspond à une végétation des rochers maritimes, occupant des rochers gréseux de l'Oligocène.

Cette association a été décrite par Pons et Quézel en 1955 sur les rochers maritimes du Cap Noir de Jijel (Tableau 21, Figure 22).

Ces rochers présentent un abrupt assez prononcé vers la mer, s'inclinant vers l'intérieur en une surface offrant de nombreuses alvéoles, ensablées vers le bas (PONS et QUEZEL, 1955).

b- Synchorologie et synsystématique

Cette association est rattachée à la classe *Crithmo-Limonietea* Br.-Bl.1947 in Br.-Bl., Roussine & Nègre 1952, à l'ordre des *Crithmo-Limonietalia* Molinier 1934 et à l'alliance du *Plantaginion macrorrhizae* Pons et Quézel 1955.

Elle est surtout remarquable par sa très grande ressemblance avec le *Crithmo-Staticetum* Molinier 1934 de la Provence occidentale. Une des deux caractéristiques de cette association s'y trouve, ainsi que deux des plus importantes caractéristiques de l'alliance européenne du *Crithmo-Staticion* Molinier 1934 : *Limonium minutum* et *Silene sedoides* ; toutes deux fort rares en Afrique du Nord (PONS et QUEZEL, 1955).

Tableau 21 - Groupe C1: Association à *Silene sedoides* et *Limonium minutum* Pons et Quezel 1955

N° de Relevés	144	145	146	147	Fr.
Altitude (m)	8	8	9	5	ab.
Exposition	SW	N	NW	W	
Inclinaison (classe)	1	0	0	1	
Recouvrement (%)	20	20	20	20	
Surface (m²)	10	10	10	10	
EC de l'association					
Limonium minutum	1	1	1	1	4
Lotus drepanocarpus	+	+	+	r	4
Silene sedoides	.	r	.	.	1
EC des unités supérieures (*Plantaginion macrorrhizae*, *Crithmo-Limonietalia* et *Crithmo-Limonietea*)					
Limonium gougetianum	+	r	r	r	4
Crithmum maritimum	1	r	.	1	3
Plantago coronopus subsp. *macrorrhiza*	1	1	.	.	2
Autres espèces					
Cynodon dactylon	+	+	r	.	3
Salsola kali	r	r	+	.	3
Heliotropum curassavicum	r	+	1	.	3
Sporobolus pungens	+	.	+	.	3
Phalaris paradoxa	1	.	r	.	2
Asteriscus maritimus	1	.	.	r	2

Figure 22 - a-Vue générale du Cap Noir (Jijel); b- Station à *Silene sedoides* et *Limonium minutum* Pons et Quezel 1955 (Relevé 144), c- *Limonium minutum* (photos: K. Rebbas, 2009)

2.4.8- Groupe C2: Groupement à *Atriplex hastata* et *Lagurus ovatus*

a – Physionomie et Synécologie

Ce groupement correspond à une végétation nitrophile des décombres et des lieux rudéraux. Il se présente avec un recouvrement compris entre 30 et 50%. Il se localise entre 3 à 14 m d'altitude et se cantonne sur le flanc nord, sud, sud-ouest et sud-est. (Tableau 22).

b- Synchorologie et synsystématique

Ce groupement est rattaché à la classe des *Chenopodietea* Br.-Bl. 1952 em. 1964, à l'ordre des *Chenopodietalia* Br.-Bl. 1931 em. 1936 et à l'alliance du *Hordeion* Br.-Bl. (1931) 1947 (incl. *Polygonion aviculare* Br.-Bl. 1931. *Hordeio-Onopordion* Horv. 1934).

Dans le cadre de notre dition, ce groupement a été observé sur l'île Grand Cavallo d'El Aouana (dite l'île El Ahlem= île des rêves) et sur la pointe de Boulimate. Cette île est très fréquentée par le Goéland leucophée (*Larus michahellis*) pour son nidification et aussi les touristes pendant la période estivale (Figure 23).

La présence de matorrals et de falaises, a permis d'une part la nidification de la Fauvette mélanocéphale (*Sylvia melanocephala*) et d'autre part du Martinet pâle (*Apus pallidus*) et du Pigeon biset (*Columba livia*) (BOUGAHAM, 2008).

Les perturbations relevées sont en particulier celles provoquées par le Goéland leucophée qui utilise ces zones comme sites de nidification ou encore comme dortoirs ou reposoirs, engendrent souvent une implantation d'annuelles allochtones. Les activités des oiseaux nidifiant peuvent avoir un impact sur la végétation. Ainsi, les perturbations répétées au niveau du sol provoquent l'élimination des espèces pérennes ayant des racines peu profondes et favorisent l'implantation d'annuelles et de communautés à caractère halonitrophile et ornithocoprophile (SOBEY & KENWORTHY, 1979; GUITIAN ET GUITIAN, 1989 in BENHAMICHE-HANIFI & MOULAÏ, 2012).

Le développement des plantes rudérales domine dans des systèmes perturbés (FAYOLLE, 2008). Les rudérales, vivent dans des milieux souvent soumis à de fréquentes et sévères perturbations; elles présentent une croissance rapide, un cycle court et une forte production de graines (GRIME, 1977 in BENHAMICHE-HANIFI & MOULAÏ, 2012).

Tableau 22 - Groupe C2: Groupement à *Atriplex hastata* et *Lagurus ovatus*

N° de Relevés	39	37	38	36	35	94	Fr.
Altitude (m)	14	6	3	10	3	13	ab.
Exposition	SW	SE	S	N	N	N	
Inclinaison (classe)	3	2	3	3	2	0	
Recouvrement (%)	30	30	30	50	50	30	
Surface (m²)	10	10	10	10	10	4	
Atriplex hastata	1	+	1	2	2	r	6
Lagurus ovatus	1	.	1	1	1	.	4
EC des unités supérieures *(Hordeion, Chenopodietalia et Chenopodietea)*							
Amaranthus deflexus	+	+	+	+	+	.	5
Hordeum murinum subsp. *leporinum*	+	.	+	+	+	.	4
Heliotropium curassavicum	.	+	.	+	+	.	3
Malva sylvestris	.	r	.	.	.	.	1
Chenopodium ambrosioides	.	1	.	.	.	.	1
EC des *Crithmo-Limonietea*							
Plantago coronopus subsp. *macrorrhiza*	+	.	1	1	1	.	4
Asteriscus maritimus	1	.	2	2	.	.	3
Catapodium loliaceum	.	.	.	r	r	.	2
Limonium gougetianum	.	.	.	.	.	1	1
EC des *Stellarietea mediae*							
Polygonum aviculare	.	.	1	1	1	.	3
Solanum nigrum	.	r	.	.	.	.	1
Autres espèces							
Spergularia marginata	+	.	+	+	+	1	5
Sonchus tenerrimus	r	.	+	+	+	.	4
Phalaris paradoxa	.	.	+	+	+	.	3
Cakile aegyptiaca	r	.	r	.	.	.	2
Sporobolus pungens	1	.	.	.	.	.	1

Figure 23 - a-Vue générale de l'île Grand Cavallo (El Aouana); b- Station à *Atriplex hastata* et *Lagurus ovatus* (Relevé 36); c- *Atriplex hastata;* d- *Lagurus ovatus* (Photos : K. Rebbas, 2008)

2.4.9- Groupe D : Groupement à *Daucus carota* subsp. *hispanicus* et *Lotus creticus* subsp. *cytisoides*

a – Physionomie et Synécologie

Ce groupement correspond à une végétation des rochers et des éboulis sous l'influence des embruns maritimes. Il se présente avec un recouvrement compris entre 30 et 50% et il se trouve entre 2 à 104 m d'altitude, aux expositions nord, nord-ouest et nord-est (Tableau 23, Figure, 24).

b- Synchorologie et synsystématique

Ce groupement est rattaché à la classe *Crithmo-Limonietea* Br.-Bl.1947 in Br.-Bl., Roussine & Nègre 1952, à l'ordre des *Crithmo-Limonietalia* Molinier 1934 et à l'alliance du *Plantaginion macrorrhizae* Pons et Quézel 1955.

Au niveau ce groupement, nous avons observé des transgressives diverses (halo-hygro-nitrophiles ou psammophiles) comme : *Atriplex hastata, Hordeum marinum* (halophile), *Lagurus ovatus* (psammophile), *Samolus valerandi* (hydrophile).

Ce groupement a été observé sur des milieux rocheux et caillouteux sous l'influence des embruns maritimes au nord-Est et nord-ouest de Djebel Gouraya (Pointes des Salines et M'cid El Bab), au nord-est de Djebel Oufarnou, à la pointe Mézaïa et à celle de Boulimat.

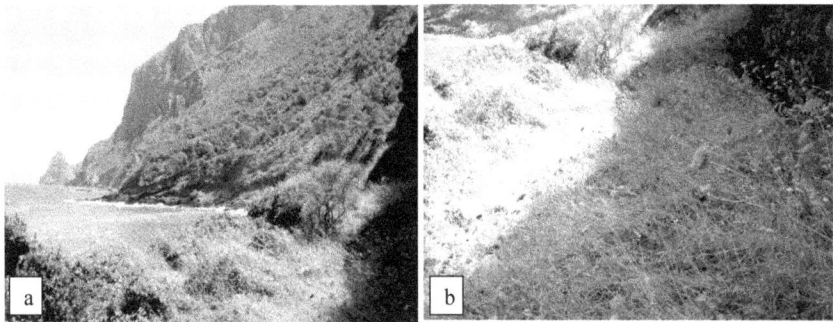

Figure 24 - a- La partie nord-ouest de Djebel Gouraya (M'Cid El Bab), b- Station à *Daucus carota* subsp. *hispanicus* et *Lotus creticus* subsp. *cytisoides* (Relevé 82) (Photos : K. Rebbas, 2007)

Tableau 23 - Groupement à *Daucus carota* subsp. *hispanicus* et *Lotus creticus* subsp. *cytisoides*

N° de Relevés	92	95	93	81	78	63	85	79	76	66	68	65	67	82	64	80	90	83	84	61	Fr. ab.
Altitude (m)	14	2	10	15	15	5	22	15	104	15	7	14	6	10	9	10	10	7	4	47	
Exposition	N	N	N	N	N	N	N	N	N	N	N	N	N	N	N	N	NW	N	N	NE	
Inclinaison (classe)	0	1	0	2	2	2	2	2	3	2	3	2	3	1	2	1	3	1	2	3	
Recouvrement (%)	30	40	30	50	50	30	50	50	40	40	40	40	40	40	40	30	30	40	50	30	
Surface (m²)	4	10	10	10	10	10	10	10	10	10	10	10	10	10	10	10	10	10	10	4	
Daucus carota subsp. *hispanicus*	.	r	r	1	3	2	3	3	r	2	2	+	+	4	1	r	+	1	4	2	19
Lotus creticus subsp. *cytisoides*	.	+	+	1	1	1	1	1	+	+	1	+	+	2	1	.	+	1	1	+	19
EC des unités supérieures (*Plantaginion macrorrhizae*, *Crithmo-Limonietalia* et *Crithmo-Limonietea*)																					
Asteriscus maritimus	.	1	1	2	2	2	2	2	2	2	2	2	2	2	+	.	1	+	2	2	17
Limonium gougetianum	2	2	2	1	.	.	2	+	+	.	1	2	2	1	+	2	1	1	3	.	16
Dactylis glomerata	.	.	.	2	1	1	2	1	.	.	1	1	.	2	1	1	1	+	1	1	12
Crithmum maritimum	2	.	.	.	.	.	.	.	.	.	+	.	2	.	.	1	2	2	.	.	7
Plantago coronopus subsp. *macrorrhiza*	1	1	.	.	.	.	.	1	.	.	.	.	.	1	.	+	+	1	.	.	7
Helichrysum stoechas	.	.	.	1	1	r	+	1	.	.	.	.	.	1	.	.	.	.	.	.	6
EC des *Quercetea ilicis*																					
Matthiola incana	.	.	.	.	.	.	.	.	.	1	1	.	1	1	1	.	.	+	.	.	7
Phyllirea angustifolia subsp. *media*	.	.	.	+	+	r	.	+	.	.	.	.	.	+	.	.	.	.	.	.	5
Ampelodesma mauritanicum	.	.	r	+	+	r	r	+	.	.	.	.	.	.	.	.	.	.	r	.	5
Euphorbia dendroides	.	.	1	1	1	.	+	+	.	.	.	.	.	.	+	.	.	.	.	.	4

77

EC des Asplenietea

Espèce															Total
Capparis spinosa	+	1	1	+	+	+	+							+	7
Hyoseris radiata subsp. *lucida*											+				3
Buplereum plantagineum										+					1
Sanguisorba ancistroides	1														1
Calendula suffruticosa			r												1
Samolus valerandi			r												1

EC des Chenopodietea

Espèce															Total
Atriplex hastata	+	+	+	1	1					r					7
Lolium rigidum	2	1	1	+	1										5
Lagurus ovatus					+										1
Hordeum marinum					r										1

Autres espèces

Espèce															Total
Spergularia marginata	1	+	+												4
Frankenia hirsuta	2	1	2												3
Blackstonia perfoliata subsp. *grandiflora*									r						2
Cynodon dactylon															1

78

2.4.10- Groupe E : Groupement à *Crithmum maritimum* et *Hyoseris radiata* subsp. *lucida* Géhu, Kaabèche & Gharzouli 1992

a – Physionomie et Synécologie

Ce groupement correspond à une végétation des rochers maritimes sous l'influence des embruns maritimes. Il se présente avec un recouvrement compris entre 30 et 40% et il se trouve entre 2 à 33 m d'altitude, aux expositions nord, nord-ouest et nord-est (Tableau 24, Figure, 25).

GEHU et *al.* (1992) ont décrit ce groupement dans les niveaux un peu plus élevés de la zone littorale où les anfractuosités de la roche se colmatent d'arènes, près de la mine de fer, à l'est des falaises de Jijel.

b- Synchorologie et synsystématique

Ce groupement est rattaché à la classe *Crithmo-Limonietea* Br.-Bl.1947 in Br.-Bl., Roussine & Nègre 1952, à l'ordre des *Crithmo-Limonietalia* Molinier 1934 et à l'alliance du *Plantaginion macrorrhizae* Pons et Quézel 1955.

Notons la présence des espèces transgressives d'origines diverses, révélant un certain degré de perturbation du milieu : *Brachypodium distachyum, Reichardia picroides* subsp. *picroides,* espèces thérophytiques traduisant une sècheresse du substrat et reflétant une anthropisation. A ce niveau, *Hordeum murinum* subsp. *Leporinum* est très fréquent.

Dans notre dition, le groupement a été observé sur les rochers maritimes de Jijel (la plage Ouldja, plage de la cité Azirou, plage de Ziama, plage Malmèche (Boublatène), plage des grottes merveilleuses), et de Béjaia (Melbou, Cap Aokas et la pointe Mézaïa).

79

Figure 25 - a- La plage de Ziama (Jijel), b- Station à *Crithmum maritimum* et *Hyoseris radiata* subsp. *lucida* Géhu, Kaabèche & Gharzouli 1992 (Relevé 42) (Photos : K. Rebbas, 2007)

Tableau 24 - Groupe E : Groupement à *Crithmum maritimum* et *Hyoseris radiata* subsp. *lucida* Géhu, Kaabèche & Gharzouli 1992

N° de Relevés	132	116	114	115	88	42	29	8	6	17	15	16	13	Fr.
Altitude (m)	33	16	16	20	16	5	9	15	3	8	6	2	10	ab.
Exposition	N	NE	NE	NW	N	NE	N	N	N	N	N	NW	N	
Inclinaison (classe)	3	3	3	3	1	3	2	3	2	3	3	3	2	
Recouvrement (%)	30	30	40	40	30	30	30	40	30	40	40	40	40	
Surface (m²)	10	10	10	10	10	10	10	10	4	8	10	4	4	
Hyoseris radiata subsp. *lucida*	1	r	+	+	.	1	1	1	1	+	3	2	2	12
Crithmum maritimum	2	2	2	3	.	2	1	2	.	2	.	.	2	9
EC des unités supérieures (*Plantaginion macrorrhizae, Crithmo-Limonietalia* et *Crithmo-Limonietea*)														
Lotus creticus subsp. *cytisoides*	.	1	1	2	1	1	+	2	1	1	1	2	1	12
Dactylis glomerata	r	.	1	1	.	.	.	1	.	+	+	1	.	7
Daucus carota subsp. *hispanicus*	.	+	1	2	.	.	.	.	+	.	r	.	.	5
Catapodium loliaceum	.	.	.	.	1	.	.	r	.	+	1	r	1	6
Lobularia maritima	.	+	+	+	r	.	.	.	.	.	.	.	.	4
Helichrysum stoechas	r	.	.	+	1	.	.	.	.	.	.	.	.	3
Asteriscus maritimus	r	.	.	.	2	.	1	.	.	.	.	.	.	3
Limonium gougetianum	.	1	.	2	.	.	.	.	.	.	.	.	.	2
Limonium densiflorum	.	.	1	.	.	.	.	.	.	.	.	.	.	1
Inula crithmoides	.	.	.	.	.	+	.	.	.	.	.	.	.	1

EC des *Asplenietea*

Espèce	1	2	3	4	5	6	7	8	9	10	11	12	13	N
Sedum pubescens	.	+	+	+	+	.	+	.	+	.	.	.	.	6
Ficus carica	r	r	.	.	.	.	.	.	r	.	.	.	.	3
Sedum multiceps	+	.	r	r	.	.	.	.	.	.	.	.	.	3
Antirrhinum majus subsp. tortuosum	.	r	r	.	.	.	.	.	.	.	.	.	.	2
Parietaria officinalis subsp. ramiflora	.	+	.	+	.	.	.	.	.	.	.	.	.	2
Centranthus ruber	r	.	+	.	.	.	.	.	.	.	.	.	.	2
EC des *Quercetea ilicis*														
Pistacia lentiscus	.	r	r	r	r	.	r	.	r	.	.	.	.	6
Ampelodesma mauritanicum	.	.	r	r	.	.	r	1	.	r	.	.	.	5
Chamaerops humilis	+	r	+	+	.	.	.	.	.	.	.	.	.	4
Arisarum vulgare	.	+	+	+	.	.	.	.	.	.	.	.	.	3
Phyllirea angustifolia subsp. media	.	.	.	.	r	r	r	.	.	.	.	.	.	3
EC des *Chenopodietea*														
Hordeum murinum subsp. Leporinum	+	.	.	.	.	.	.	.	+	+	+	+	r	6
Lagurus ovatus	.	.	.	+	.	.	.	+	.	.	+	.	.	3
Hyoscyamus albus	+	.	.	+	.	.	.	.	.	.	.	.	.	2
Lolium rigidum	.	.	.	+	.	.	.	.	.	.	r	.	.	2
EC des *Thero-Brachypodietea*														
Inula viscosa	r	.	r	.	.	.	.	.	r	r	r	.	r	6
Brachypodium distachyum	.	+	.	.	.	.	.	r	+	r	+	.	.	5
Autres espèces														
Reichardia picroides subsp. picroides	+	.	.	1	+	+	1	2	1	+	2	+	1	11
Glaucium flavum	.	.	.	.	.	.	.	.	.	r	r	r	r	4
Urginea maritima	r	r	+	+	.	.	.	.	.	.	.	.	.	4
Sonchus tenerrimus	+	+	r	+	.	.	.	.	.	.	.	.	.	4
Centaurea sphaerocephala	.	r	.	r	.	.	.	.	.	.	.	r	.	3
Erica multiflora	.	.	+	+	.	.	.	.	1	.	.	.	.	3
Narcissus tazetta	.	r	+	+	.	.	.	.	.	.	.	.	.	3
Avena sterilis	.	.	.	.	.	.	+	+	r	.	.	.	.	3
Campanula dichotoma	+	.	.	.	.	.	.	.	.	.	r	.	.	2

2.4.11- Groupe F : *Dauco-Asteriscetum maritimi* Wojterski 1985 (incl. Géhu, Kaabèche et Gharzouli 1992)

a - Physionomie et Synécologie

Ce groupement correspond à une végétation des rochers maritimes sous l'influence des embruns maritimes. Il se présente avec un recouvrement compris entre 30 et 40% et il se trouve entre 2 à 47 m d'altitude, aux expositions nord, nord-ouest et nord-est (Tableau 25, Figure 26).

b- Synchorologie et synsystématique

Dauco-Asteriscetum maritimi Wojterski 1985 (incl. Géhu, Kaabèche et Gharzouli 1992) est rattaché à la classe *Crithmo-Limonietea* Br.-Bl.1947 in Br.-Bl., Roussine & Nègre 1952, à l'ordre des *Crithmo-Limonietalia* Molinier 1934 et à l'alliance du *Plantaginion macrorrhizae* Pons et Quézel 1955.

Cette association a été décrite et observée par Wojterski (1985) au pied des falaises d'Ain Taya (El Marsa).

Dans les anfractuosités de la zone la plus halophile de la côte ouest de Jijel, se développe une association marquée par *Asteriscus maritimus* rattachable au *Dauco-Asteriscetum maritimi* Wojterski 1985, apparemment différente de l'*Asteriscetum maritimi* Nègre 1964 de la région de Tipaza (GEHU et *al.*, 1992).

Dans notre travail ce groupement a été observé sur des milieux rocheux et caillouteux sous l'influence des embruns maritimes à l'est et à l'ouest du Golfe de Béjaia dans les localités suivantes : Jijel (plage Ouldja, plage de Ziama, grottes merveilleuses, Cap Ras El Harasse (El Aouana), Cap Afia) et Béjaia (plage de Cap Carbon, nord-est de Djebel Gouraya, Pointe Mézaïa, plage Boulimat, plage Tala ilef, et celle de Saket).

Figure 26 - a- Cap Afia (Jijel), b- Station à *Dauco-Asteriscetum maritimi* Wojterski 1985 (incl. Géhu, Kaabèche et Gharzouli 1992) (Relevé 135) (Photos : K. Rebbas, 2007)

Tableau 25 - Groupe F: *Dauco-Asteriscetum maritimi* Wojterski 1985 (incl. Géhu, Kaabèche et Gharzouli 1992)

N° de Relevés	102	99	96	87	91	45	135	136	89	133	98	32	100	101	97	30	103	33	138	5	44	137	62	Fr. ab.
Altitude (m)	7	7	6	7	7	7	5	5	15	18	5	4	9	10	4	4	2	15	8	2	7	12	47	
Exposition	N	N	N	N	N	NW	N	NE	N	N	N	N	N	N	N	N	N	NE	N	N	NW	NE	NE	
Inclinaison (classe)	1	3	0	1	1	1	2	2	2	2	1	3	3	2	2	2	1	3	1	2	1	2	3	
Recouvrement (%)	30	30	30	40	30	40	30	30	30	40	30	50	30	30	30	50	30	40	30	30	40	30	30	
Surface (m²)	10	10	10	10	10	10	10	10	10	10	10	10	10	10	10	10	10	10	10	4	10	10	4	
Asteriscus maritimus	1	2	.	3	1	2	1	+	2	2	2	3	2	2	.	1	1	2	r	.	2	2	+	19
Daucus carota subsp. *hispanicus*	+	.	r	1	.	.	1	r	3	1	1	+	2	1	2	2	1	+	.	+	.	r	.	19
EC des unités supérieures (*Plantaginion macrorrhizae*, *Crithmo-Limonietalia* et *Crithmo-Limonietea*)																								
Lotus creticus subsp. *cytisoides*	1	1	1	2	1	+	1	+	1	2	+	+	2	1	2	+	.	r	+	1	+	1	.	20
Crithmum maritimum	2	2	2	.	2	2	2	2	2	.	.	.	.	1	2	2	1	.	2	1	2	r	1	14
Dactylis glomerata	.	1	1	2	.	.	+	+	+	1	+	r	2	1	.	.	1	.	r	.	1	1	.	14
Plantago coronopus subsp. *macrorrhiza*	2	.	+	+	.	.	.	.	1	2	.	2	2	.	.	2	2	1	.	.	.	1	.	11
Inula crithmoides	.	.	.	.	.	1	2	.	.	.	.	1	.	.	.	+	.	2	r	.	1	r	.	8
Limonium gougetianum	.	.	.	.	.	2	r	r	+	.	.	.	.	.	.	.	.	.	.	.	2	.	.	5
Limonium densiflorum	.	.	.	.	.	.	.	.	.	.	.	.	.	.	2	2	+	1	.	.	2	.	.	5
Catapodium loliaceum	.	.	.	.	.	+	.	.	.	.	r	r	.	.	.	.	.	.	r	.	.	.	.	4
Anthemis maritima	.	.	.	.	.	.	.	+	.	.	.	2	.	.	.	2	+	.	.	r	.	.	.	4
EC des *Chenopodietea*																								
Hordeum murinum subsp. *leporinum*	+	+	.	+	.	.	.	.	.	.	.	+	r	.	.	.	+	+	.	+	.	r	.	8
Lolium rigidum	.	.	.	.	.	.	.	.	.	1	.	.	.	+	1	+	2	+	.	1	.	.	.	7
Atriplex hastata	.	r	1	.	.	r	+	+	.	+	r	.	.	.	.	.	.	.	.	.	.	.	.	6
Hyoscyamus albus	.	.	.	.	.	.	.	.	.	.	r	.	r	.	.	.	.	.	.	.	.	.	.	2

84

Espèce	Présence
Lagurus ovatus	1
Heliotropium europaeum	1
EC des Quercetea ilicis	
Ampelodesma mauritanicum	5
Pistacia lentiscus	3
Chamaerops humilis	3
Asparagus acutifolius	2
Phyllirea angustifolia subsp. *media*	1
EC des Thero-Brachypodietea	
Brachypodium distachium	2
Inula viscosa	1
Autres espèces	
Reichardia picroides subsp. *picroides*	17
Hyoseris radiata subsp. *lucida*	15
Sonchus tenerrimus	7
Cynodon dactylon	6
Sedum pubescens	4
Parapholis incurva	4
Glaucium flavum	3
Beta vulgaris subsp. *maritima*	3
Mesembryanthemum acinaciformis	3
Opuntia ficus indica	3
Salsola kali	3
Centaurea sphaerocephala	3
Phalaris paradoxa	2
Juncus acutus	2

85

Silene gallica	.	.	.	.	.	.	.	.	.	.	+	.	.	.	.	.	2
Allium paniculata	.	.	.	.	.	+	.	r	.	.	.	.	.	.	.	.	2
Spergularia marginata	.	.	.	+	.	.	.	.	.	.	.	.	.	+	.	.	2
Capparis spinosa	.	.	.	.	+	.	.	.	.	.	.	+	.	.	.	.	2
Bromus lanceolatus	.	.	+	.	+	.	.	.	r	.	.	.	.	.	.	.	2
Picris echioides	r	.	+	.	.	.	.	.	.	.	.	.	.	.	.	.	2

2.4.12- Schéma syntaxonomique

Les syntaxons individualisés par l'AFC et décrits grâce aux tableaux phytosociologiques s'insèrent dans le schéma syntaxonomique suivant :

Adiantetea capilli-veneris Br.-Bl. in Br.-Bl., Roussine & Nègre 1952

  Adiantetalia capilli-veneris Br.-Bl. ex Horvatic 1939

    Adiantion capilli-veneris Br.-Bl. ex Horvatic 1939

      Trachelio-Adiantetum O. Bolós 1957 (incl. *Trachelio-Adiantetum* sensu Gehu et *al.* 1992)

      Eucladio-Adiantetum Br.-Bl. ex Horvatiç 1934

Asplenietea rupestris (H. Meier) Braun-Blanquet 1934 (= *Asplenietea trichomanis* (Braun-Blanquet *in* H. Meier et Braun-Blanquet 1934) Oberdorfer 1977),

  Tinguarretalia siculae Daumas, Quezel & Santa 1952

    Rupicapnion africanae Daumas, Quezel & Santa 1952

      Association à *Bupleurum plantagineum* et *Hypochoeris saldensis* Pons et Quézel 1955

      Groupement à *Sedum multiceps et Phagnalon saxatile*

      Groupement à *Phagnalon sordidum* et *Asplenium petrarchae* Pons et Quézel 1955

      Association *Pennisetum setaceum* subsp. *asperifolium* et *Pancratium foetidum* var. *saldense* Pons et Quézel 1955

      Groupement à *Antirrhinum majus* subsp. *tortuosum* et *Parietaria officinalis* subsp. *ramiflora*

      Groupement à *Phagnalon sordidum* et *Centranthus ruber*

Groupement à *Pennisetum setaceum* subsp. *asperifolium* et *Phagnalon sordidum*

Crithmo-Limonietea Br.-Bl.1947 in Br.-Bl., Roussine & Nègre 1952

   Crithmo-Limonietalia Molinier 1934

      Plantaginion macrorrhizae Pons et Quézel 1955.

        Association à *Silene sedoides* et *Limonium minutum* Pons et Quézel 1955

        Groupement à *Daucus carota* subsp. *hispanicus* et *Lotus creticus* subsp. *cytisoides*

        Groupement à *Crithmum maritimum* et *Hyoseris radiata* subsp. *lucida* Géhu, Kaabèche & Gharzouli 1992

        Dauco-Asteriscetum maritimi Wojterski 1985 (incl. Géhu, Kaabèche et Gharzouli 1992)

Chenopodietea Br.-Bl. 1952 em. 1964

   Chenopodietalia Br.-Bl. 1931 em. 1936

      Hordeion Br.-Bl. (1931) 1947.

        Groupement à *Atriplex hastata* et *Lagurus ovatus*

PARTIE 3 – VALEUR BIOGEOGRAPHIQUE ET RICHESSE FLORISTIQUE

Bupleurum plantagineum Desf., endémique du PNG
(Photo : K. Rebbas, 2012)

Chapitre 3.1. - Etat des lieux

La seule référence exhaustive qui concerne la flore d'Algérie est celle de la « nouvelle flore d'Algérie et des régions désertiques méridionales » de Quézel et Santa (QUÉZEL & SANTA, 1962-1963). Aucune flore plus récente, ni aucune révision à cette flore n'a été entreprise à ce jour.

Dans la région de Béjaïa en général et en particulier dans le golfe de Béjaïa, des études anciennes et récentes, très ciblées ont été effectuées dans le domaine de la biodiversité végétale : PONS & QUEZEL (1955) ont étudié la végétation des rochers maritimes du littoral de l'Algérie central et occidentale. En 1968, THOMAS a étudié l'écologie et le dynamisme de la végétation de la dune littorale dans la région de Djidjelli. AKTOUCHE et al. (1990) ont contribué à la connaissance des groupements végétaux et des ressources pastorales du parc national de Taza (W. Jijel). GEHU et *al.* (1992 ; 1994) ont donné des observations phytosociologiques sur le littorale Kabyle de Bejaia à Jijel et dans le Nord – Est de l'Algérie. En 2002, REBBAS a contribué à l'étude phytosociologique du Parc national de Gouraya. KAABECHE et *al.* (1998) ont étudié les communautés à *Euphorbia dendroïdes* L. d'Algérie. GHARZOULI & DJELLOULI (2005) et GHARZOULI (2007) ont étudié la flore et la végétation de la Kabylie des Babors. OUARMIM & DUBSET (2008) et OUARMIM et *al.* (2013) ont étudié l'écologie, la morphologie et la systématique de la giroflée (*Erysimum* sect. *Cheiranthus*) du Parc National de Gouraya. En 2011, REBBAS et *al.* ont caractérisé phytosociologique la végétation du Parc National de Gouraya. Dans la même année REBBAS et *al.* ont effectué l'inventaire des lichens du Parc National de Gouraya. YAHI et *al.* (2012) ont identifié les zones importantes pour les plantes (Key Biodiversity Areas for Plants) dans le nord de l'Algérie. VELA *et al.*, (2012) ont présenté une liste d'espèces xénophytes adventices/échappées et/ou naturali-sées/envahissantes considérées comme « nouvelles » pour l'Algérie, c'est-à-dire non référencées dans la Flore de Quézel & Santa (Nouvelle flore de l'Algérie et des régions désertiques méridionales , éd. CNRS, 1962 - 1963). En 2012, VELA *et al.* ont découvert un *Allium commutatum* Guss. dans la région de Boulimate (Béjaia). BOUNAR *et al.* (2013) ont étudié la flore d'interêt écologique et medicinale du parc national de Taza.

Chapitre 3.2. – Méthodologie

Les zones à la fois riches en espèces et aussi en endémiques constituent des points chauds de biodiversité (MYERS, 2003).

La question de la biodiversité a maintenant pris place parmi les grands problèmes d'environnement global, comme le changement climatique ou la déplétion de la couche d'ozone (LÉVÊQUE, 2001).

La convention sur la diversité biologique définit la diversité biologique comme étant la « variabilité des organismes vivants de toute origine y compris, entre autres, les écosystèmes terrestres, marins et autres systèmes aquatiques et les complexes écologiques dont ils font partie, cela comprend la diversité au sein des espèces et entre espèces ainsi que celle des écosystèmes » (LÉVÊQUE, 2001; LÉVÊQUE & MOUNOLOU, 2008).

La richesse en espèces (le nombre d'espèces) qui peut être déterminée pour l'ensemble des taxons présents dans un milieu, ou pour des sous-ensembles de taxons, est l'unité de mesure la plus courante, à tel point qu'on a parfois tendance à assimiler biodiversité et richesse en espèces. Plus le nombre d'espèces est élevé, plus on a de chances d'inclure une plus grande diversité génétique, phylogénétique, morphologique, biologique et écologique (LÉVÊQUE & MOUNOLOU, 2008).

L'objectif de cette partie est double : un inventaire de la richesse floristique du Parc National de Gouraya et ses environs (rochers, falaises maritimes et sources du golfe de Béjaïa) à partir d'un ensemble de relevés phytosociologiques essentiellement concentrés sur les milieux rupestres et une analyse biogéographique de la zone d'étude en vue de contribuer à une meilleure connaissance des espèces rares et des endémiques de Petite Kabylie.

La liste des espèces est établie à partir des relevés floristiques effectués entre 2002 (REBBAS, 2002) et 2009 et des prospections botaniques d'inventaire floristique à partir de 2004. Les types chorologiques des divers taxons sont attribués à partir des flores de Corse (GAMISANS & JEANMONOD 2007) et d'Italie (PIGNATTI 1982) complétées au besoin par celles d'Algérie (QUEZEL & SANTA 1962-1963) et d'Afrique du Nord (MAIRE 1952-1987) ainsi que l'index synonymique de la Flore d'Afrique du Nord (DOBIGNARD & CHATELAIN, 2010, 2011, 2012, et 2013). Une double nomenclature établi la correspondance entre ce dernier référentiel et la flore d'Algérie. La rareté en Algérie est quant à elle renseignée à partir de la seule flore de référence pour l'Algérie (QUEZEL & SANTA 1962-1963).

Chapitre 3.3 - Résultats : Richesse floristique

3.3.1- Nombre de taxons

Nous avons recensé 529 espèces appartenant à 300 genres et 89 familles botaniques. QUEZEL (1978-2002) a pu dénombrer 4 034 espèces et 916 genres pour la région méditerranéenne de l'ensemble des trois pays d'Afrique du nord (Maroc, Algérie, Tunisie).

3.3.2- Richesse générique

Les familles les plus importantes sont celles des *Asteraceae* avec 40 genres (Tableau 26), des *Poaceae* avec 31 genres, des *Fabaceae* avec 23 genres, des Apiaceae avec 19 genres et des *Lamiaceae* et des *Brassicaceae* avec 11 genres. Les autres familles comportent moins de 10 genres. Certaines familles comme les *Equisetaceae, Hypericaceae, Plantaginaceae* ne sont représentées que par un seul genre dans l'ensemble de la flore algérienne.

3.3.3- Richesse spécifique

Dans la zone d'étude, les familles les plus importantes, par ordre décroissant, sont les *Fabaceae* (64), *Asteraceae* (61), *Poaceae* (39), *Apiaceae* (25), *Liliaceae* (25), puis viennent les *Lamiaceae, Brassicaceae, Scrofulariaceae, Orchidaceae, Caryophyllaceae, Euphorbiaceae, Rosaceae, Polypodiaceae, Rubiaceae* (entre 18 et 9 taxons).

Tableau 26 - Nombre d'espèces et de genres par famille de la zone d'étude

Famille	Gen	Esp.	Famille	Gen.	Esp.	Famille	Gen.	Esp.
Asteraceae	40	61	Solanaceae	2	3	Lauraceae	1	1
Poaceae	31	39	Ericaceae	2	3	Myrtaceae	1	1
Fabaceae	23	64	Salicaceae	2	3	Polygalaceae	1	1
Apiaceae	19	25	Fumariaceae	2	3	Punicaceae	1	1
Lamiaceae	11	18	Genitiaceae	2	2	Rafflésiaceae	1	1
Brassicaceae	11	13	Papaveraceae	2	2	Selaginellaceae	1	1
Liliaceae	10	25	Apocynaceae	2	2	Résédaceae	1	1
Caryophyllaceae	8	15	Ulmaceae	2	2	Tamaricaceae	1	1
Scrofulariaceae	8	15	Caprifoliaceae	2	2	Theligonaceae	1	1
Polypodiaceae	8	11	Cucurbitaceae	2	2	Thymelaeaceae	1	1
Rosaceae	8	9	Dipsaceae	2	2	Rutaceae	1	1
Rubiaceae	6	9	Acanthaceae	2	2	Typhaceae	1	1
Renonculaceae	6	8	Plantaginaceae	1	5	Onagraceae	1	1
Boraginaceae	6	8	Convolvulaceae	1	4	Aizoaceae	1	1
Orchidaceae	5	13	Plumbaginaceae	1	3	Alismataceae	1	1
Chenopodiaceae	4	7	Anacardiaceae	1	3	Vitaceae	1	1
Oleaceae	4	5	Hypéricaceae	1	3	Mimosaceae	1	1
Primulaceae	4	5	Linaceae	1	2	Araliaceae	1	1
Euphorbiaceae	3	11	Orobanchaceae	1	2	Aristolochiaceae	1	1
Malvaceae	3	6	Oxalidaceae	1	2	Asclepiadaceae	1	1
Cyperaceae	3	7	Cupressaceae	1	2	Cactaceae	1	1
Cistaceae	3	7	Rhamnaceae	1	2	Capparidaceae	1	1
Polygonaceae	3	6	Araceae	1	2	Coriariaceae	1	1
Iridaceae	3	4	Fagaceae	1	2	Dioscoreaceae	1	1
Crassulaceae	2	7	Abietaceae	1	2	Ephedraceae	1	1

Geraniaceae	2	6	Equisétaceae	1	2	Frankeniaceae	1	1
Amaryllidaceae	2	6	Lythraceae	1	2	Globulariaceae	1	1
Urticaceae	2	4	Amaranthaceae	1	2	Simaroubaceae	1	1
Campanulaceae	2	4	Moraceae	1	1	Arecaceae	1	1
Valériaceae	2	3	Violaceae	1	1	Bétulaceae	1	1

3.3.4- La flore endémique

Le nombre de taxons endémiques pour l'Algérie du Nord est 407, dont 338 au rang d'espèce et seulement 48 et 21 aux rangs de sous-espèce et de variété. Pour mémoire, les taxons endémiques ou subendémiques sont au nombre de 464 (387 espèces, 53 sous-espèces et 24 variétés) pour l'ensemble du territoire national (QUEZEL et SANTA, 1962; VÉLA & BENHOUHOU, 2007).

Pour l'Algérie du Nord, l'endémisme en valeur brute se décompose de la manière suivante (VÉLA & BENHOUHOU, 2007) :

– endémisme algérien strict : 224 taxons ;

– endémisme algéro-marocain : 124 taxons ;

– endémisme algéro-tunisien : 58 taxons ;

– autres : Algérie + Sicile (1 taxon).

Les secteurs à endémisme le plus élevé en valeur brute sont O1 (103 taxons) et K2 (101 taxons). Ensuite, viennent d'autres secteurs à endémisme encore assez élevé, comme O3 (94 taxons), K1 (86 taxons), C1 (83 taxons), H1 (82 taxons). Puis suivent un grand nombre de secteurs à endémisme de plus en plus modéré, que sont K3, O2, A1, A2, AS3, AS1, H2 (VÉLA & BENHOUHOU, 2007). Enfin, les secteurs à nombre d'endémiques les plus faibles sont AS2 et Hd. La Petite Kabylie (K2) apparaît donc aussi riche, voire plus riche en endémisme (valeur brute) que les secteurs du littoral oranais (O1) ou des monts de Tlemcen (O3), qui appartiennent au point chaud du complexe bético-rifain (MÉDAIL & QUEZEL, 1997-1999). Elle est suivie de près par les secteurs voisins de la Grande Kabylie (K1) et du Tell constantinois (C1).

La zone d'étude comporte 29 taxons endémiques (*s.l.*) dont 6 espèces sont des endémiques du K2 (Tableau 27), 7 endémiques de l'Algérie, 10 endémiques de l'Afrique du Nord, 5 endémiques algéro-tunisienne et une autre endémique algéro-marocaine.

Tableau 27 - Les endémiques de la zone d'étude

Espèce	Chorologie	Espèce	Chorologie
Bupleurum plantagineum Desf.	End. K2	*Limonium gougetianum* (de Girard) Kuntze.	End. Alg. Tun.
Hypochoeris saldensis Batt.	End. K2	*Campanula alata* Desf.	End. Alg. Tun.
Silene sessionis Batt.	End. K2	*Scilla numidica* Poiret	End. Alg. Tun.
Erysimum cheiri (L.) Crantz subsp. *inexpectans* Véla, Ouarmim & Dubset	End. K2	*Rupicapnos numidicus* (Coss. et Dur.) Pomel	End. Alg. Tun.
Genista ferox Poiret. var. *salditana*	End. K2	*Cyclamen africanum* Boiss et Reut.	End.N.A.
Pancratium foetidum var. *saldense* Batt.	End. K2	*Daucus reboudii* Coss.	End.N.A.
Allium trichocnemis J. Gay	End. Alg.	*Euphorbia paniculata* Desf.	End.N.A.
Sedum multiceps Coss et Dur.	End. Alg.	*Genista tricuspidata* Desf.	End.N.A.
Genista ulcina Spach.	End. Alg.	*Geranium atlanticum* Boiss et Reut.	End.N.A.
Genista vepres Pomel	End. Alg.	*Pistacia atlantica* Desf.	End.N.A.
Erodium hymenodes L'Her.	End. Alg.	*Scilla lingulata* Poiret	End.N.A.
Nepeta algeriensis de Noé	End. Alg.	*Linum corymbiferum* Desf.	End.N.A.
Genista numidica (Spach) Batt.	End. Alg.	*Arenaria cerastioides* Poiret	End.N.A.
Silene imbricata Desf.	End. Alg. Mar.	*Anarrhinum pedatum* Desf.	End.N.A.
Genista ferox Poiret. var. *ferox*	End. Alg. Tun.		

Sur les 89 familles inventoriées 16 possèdent des éléments endémiques. Les familles les plus riches en espèces endémiques sont : Les *Fabaceae* et les *Liliaceae* (5 espèces), *Caryophyllaceae, Géraniaceae, Crassulaceae, Apiaceae* et *Linaceae* (2 espèces). Les autres familles possèdent une espèce (les *Astéraceae, Euphorbiaceae, Scrofulariaceae, Primulaceae, Amaryllidaceae, Brassicaceae, Campanulaceae, Lamiaceae, Fumariaceae, Anacardiaceae* et *Plumbaginaceae*).

3.3.5- Rareté des taxons de la flore de la zone d'étude

Les espèces rares sont généralement considérées comme ayant une faible abondance et/ou une aire de répartition restreinte.

La spécificité d'habitat, l'originalité taxinomique et la persistance temporelle des espèces constituent aussi des critères utiles dans la définition de la rareté (QUEZEL & MEDAIL, 2003). Pour l'Algérie du Nord (Sahara non compris), 1630 taxons sont qualifiés de rare dont 1034 au rang d'espèce, 431 sous espèces et 170 variétés. Pour l'ensemble

du pays, les taxons rares sont au nombre de 1818 (1185 espèces, 455 sous-espèces et 178 variétés) (VELA et BENHOUHOU, 2007).

La flore de la zone d'étude est composée de 59 espèces rares (*s.l.*) dont 19 espèces assez rares, 23 espèces rares et 17 espèces très rares (Tableau 28, Figure 27).

Tableau 28 - Les espèces végétales rares de la zone d'étude

Espèce	Niveau de rareté	Espèce	Niveau de rareté
Bupleurum plantagineum Desf.	RR	*Vaillantia muralis* L.	R
Allium trichocnemis J. Gay	RR	*Pennisetum setaceum* subsp. *asperifolium* (Desf.) M.	R
Allium commutatum Guss.	RR	*Vicia sativa* subsp. *sativa* L.	R
Matthiola incana (L). R.Br.	RR	*Veronica anagallis-aquatica* L.	R
Euophorbia clementei Boiss.	RR	*Sedum cepaea* L.	R
Satureja juliana L.	RR	*Hypericum androsaemum* L.	R
Medicago monspeliaca (L.) Trautv.	RR	*Parietaria lusitanica* L.	R
Limonium minutum (L.) Kuntze	RR	*Viola sylvestris* subsp. *riviniana* (Rchb.) Tour.	R
Pteris cretica L.	RR	*Pteris longifolia* L. (=*Pteris vittata* L.)	R
Mentha spicata L.	RR	*Sedum multiceps* Coss et Dur.	R
Stachys maritima L.	RR	*Lotus drepanocarpus* Dur.	R
Christella dentata (Forskal) Brownsey & Jermy	RR	*Vitex agnus castus* L.	AR
Veronica persica All.	RR	*Genista ulcina* Spach.	AR
Silene sedoides Poiret	RR	*Nepeta algeriensis* de Noé	AR

Euphorbia dendroides L.	RR	Pancratium foetidum var. saldense Batt.	AR
Lithodora rosmarinifolia (Ten.) I.M. Johnston	RR	Senecio lividus subsp. foeniculaceus (Ten) Br. Bl. et M.	AR
Silene sessionis Batt.	RR	Cakile aegyptiaca Maire et Weiller.	AR
Hypochoeris saldensis Batt.	R	Coriaria myrtifolia L.	AR
		Lathyrus annuus L.	AR
Erysimum cheiri (L.) Crantz subsp. inexpectans Véla, Ouarmim & Dubset	R	Spartium junceum L.	AR
Scorpiurus muricatus subsp. sub-villosus (L.) Thell.	R	Vicia bithynica L.	AR
Genista vepres Pomel	R	Vicia monardi Boiss. & Reuter	AR
Daucus reboudii Coss.	R	Fritillaria messanensis Auct.	AR
Carex sylvatica var. algeriensis (Nelmes) M. et W.	R	Orchis simia Lamk	AR
Vicia peregrina L.	R	Orchis patens Desf.	AR
Malope malachoides subsp. eu-malachoides Maire	R	Phyllitis sagittata (DC.) Guinea & Heywood	AR
Asplenium petrarchae (Guérin) DC.	R	Cariaria myrtifolia. L.	AR
Santolina rosmarinifolia L.	R	Alnus glutinosa (L.) Gaertn	AR
Rumex scutatus L	R	Sanguisorba ancistroides (Desf) A.Br	AR
Calamintha sylvatica Bromf.	R	Bupleurum fruticosum L.	AR

Certains taxons sont rares et bénéficient d'une protection en Algérie (décret exécutif n°12-03 du 4 janvier 2012 fixant la liste des espèces végétales non cultivées protégées en Algérie) comme *Euphorbia dendroides* L., *Bupleurum plantagineum* Desf., *Allium trichocnemis* Gay, *Genista vepres* Pomel, *Limonium gougetianum* (de Girard) Kuntze., *Silene sessionis* Batt., *Orchis patens* Desf., *Orchis simia* Lamk. Les endémiques strictes du PNG qui sont *Bupleurum plantagineum* Desf., *Hypochoeris saldensis* Batt., *Silene sessionis* Batt. et d'autres espèces : *Campanula alata* Desf., *Lotus drepanocarpus* Dur., figurent d'ailleurs sur la liste rouge de l'UICN (WALTER & GILLET, 1998).

1. *Orchis patens* Desf., **2.** *Campanula alata* Desf., **3.** *Pteris cretica* L., **4.** *Sedum multiceps* Coss et Dur., **5.** *Pteris vittata* L., **6.** *Limonium minutum* (L.) Kuntze

Figure 27 - Plantes rares de la zone d'étude
(Photos : K. Rebbas, 2010-2013)

3.3.6- Eléments chorologiques

L'ensemble méditerranéen *s.l.* est le plus représentatif avec 326 espèces (Tableau 29). Il se répartit comme suit: taxons appartenant à l'élément phyto-chorique «sténoméditerranéen », sont au nombre de 211, suivis des euryméditerranéennes avec 94 espèces et des « ibéro-maurétaniennes » 5, « circum-méditerranéennes » 4, « afrique du nord-Italie » 2 (*Convolvulus sabatius* Viv. & *Limonium densiflorum* (Guss.) Kuntze), « afrique du nord-Sicile » 2 : *Serratula cichoracea* (L.) DC. et *Brassica amplexicaulis* (Desf.) Pomel. Les autres éléments sont représentés par une seule espèce comme *Petasites fragrans* Presl, *Ranunculus spicatus* Desf., *Carlina racemosa* L., *Rhaponticum acaule* (L.) DC., *Calendula suffruticosa* Vahl. et *Fritillaria messanensis* Raf.

L'élément septentrional regroupe les espèces appartenant aux éléments phytochoriques eurasiatiques, européens, paléo tempérés et circum-boréales avec 49 espèces.

L'élément cosmopolite est représenté par 30 taxa. Ces espèces sont liées aux champs et aux cultures des villages limitrophes au parc comme *Solanum nigrum* L., *Senecio vulgaris* L., *Euphorbia peplus* L., *Anagallis arvensis* L. Les espèces à large répartition correspondent à des éléments de transition entre l'ensemble méditerranéen et les ensembles voisins. Le lot le plus important correspond aux méditerranéo-atlantiques avec 22 espèces, suivi par les méditerranéo-touraniennes avec 19 espèces, les euro-méditerranéennes, les Américaines et les subtropicales avec 7 espèces. Les autres lots renferment moins de 5 espèces.

Tableau 29 - Type phytogéographique de la zone d'étude

Ensemble chorologique	Nombre	%	Ensemble chorologique	Nombre	%
MEDITERRANEENNES	**326**	61.55	Méditerranéo-Atlantiques	22	
Sténoméditerranéennes	211		Méditerranéo-touraniennes	19	
Euryméditerranéennes	94		Euro-méditerranéennes	7	
Ibero-maurétaniennes	5		Américaines	7	
Circum-méditerranéennes	4		Sub-tropicales	7	
Afrique du nord-Italie	2		Asiatiques	5	
Afrique du nord-Sicile	2		Macaronésiennes-méditerranéennes	4	
France-Sicile	1		Néotropicales	4	
Espagne, Italie, Crête Balkans	1		Naturalisé d'origine d'Afrique de Sud.	2	
Afrique du nord	1		Paléo-subtropicales	2	
Afrique du nord-Espagne	1		Paléotropicales.	1	
Ibérique. Afrique du nord. Sicile	2		Europe méridionale- Nord africaine	1	
Alger- province	1		Naturalisé d'origine d'Afrique de Est	1	
Ibérique.Mauritanie. Sicile	1		Eurosibériennes	1	
ENDEMIQUES	**31**	5.87	Ouest Méditerranéen. Canarie. Syrie	1	
Endémiques algériennes	14		Europe et Caucase	1	
Nord-africaines	13		Canarie-Méditerranéen.	1	
Algéro-marocaines	1		Afrique-Orientale-Asie occidentale.	1	
Algéro-tunisiennes	3		Naturalisé Australie	1	
NORDIQUES	**49**	9.29	Eurasiatique. Nord Africaine. Tripolie.	1	
Paléotempérées	24		Eurasiatique. Nord Africaine	1	
Eurasiatiques	13		Pantropicale	1	

Circum boréales	7		Triopicale	1
Européennes	4		Afrique de Nord, île de Penteleria et extrême sud de l'Andalousie	1
Euro-sibériennes	1			
LARGE REPARTITION ET COSMOPOLITES	**123**	23.29		
Cosmopolites	30		**Total**	**529**	100

3.3.7- Types biologiques

Selon le système établi par Raunkiaer (1905) pour les plantes supérieures (Phanérogames), les types biologiques sont définis d'après la morphologie et le rythme biologique du végétal, plus précisément en fonction de la nature et de la localisation des organes assurant sa survie durant la ou les périodes climatiquement défavorables. C'est en principe à partir des bourgeons qu'il porte, et grâce aux méristèmes abrités par ces derniers, que le végétal pourra ultérieurement reprendre son développement (LACOSTE & SALANON, 2005).

Toutefois, la classification d'une plante dans un type plutôt que dans un autre n'est pas évident: outre le caractère tranché inhérent à tout système de classification, l'observation sur le terrain a montré que le type biologique d'une même plante peut changer selon le climat, ce qui implique que les types biologiques doivent être notés tels qu'ils sont dans la végétation étudiée (KAABECHE, 1995).

Le dénombrement des espèces par type biologique est effectué sur la totalité des espèces. La flore de la zone d'étude est constituée essentiellement par des thérophytes (37,31%) et des hémicryptophytes (27,46%), suivi des phanérophytes (15,34%) et des géophytes (13,07%), quant aux chaméphytes (05,87%) et les hélophytes (00,95%) sont peu abondants (Tableau 30, Figure 28).

Tableau 30 - Types biologiques de la zone d'étude

Forme biologique	Nombre d'espèces	%
Phanérophytes	81	15.34
Chamaephytes	31	05.87
Hémicryptophytes	145	27.46
Géophytes	69	13.07
Thérophytes	197	37.31
Hélophytes	5	00.95

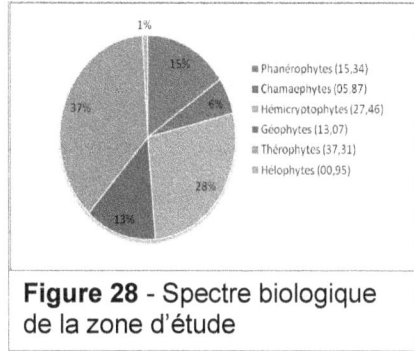

Figure 28 - Spectre biologique de la zone d'étude

3.3.8 – Conservation

Le concept de protection de la nature remonte au XIX siècle. Il ne s'est concrétisé qu'en 1872 lors de la création de Parc National de Yellowstone aux Etats Unis. L'Union Internationale pour la Conservation de la nature (UICN) a été fondée à Fontainebleau en 1948. La conservation de la diversité biologique est devenue l'objet d'une discipline, la biologie de la conservation. Dans la *Convention sur la Diversité Biologique* adoptée en 1992 cinq points ont été énoncés : identifier les composants de cette diversité (écosystèmes, espèces) ; établir un réseau d'aires protégées ; adopter des mesures assurant la conservation *ex situ* ; intégrer la conservation des ressources génétiques dans les politiques des divers pays ; développer des méthodes d'évaluation de l'impact des projets d'aménagement sur la diversité biologique (DAJOZ, 2000).

En Algérie, la notion de protection de la nature est contenue pour la première fois dans l'esprit de la charte nationale de 1976. Les années phares restent cependant 1982 et 1983 en raison de la promulgation de la loi n° 82-10 sur la chasse et la loi n°83-03 relative à l'environnement. 10 parcs nationaux ont été créés tout de suite après sans enquêtes commodo-incommodo. L'opinion publique n'étant pas préparée, des années durant les gestionnaires des ces aires protégées s'efforceront de convaincre les populations limitrophes. Néanmoins, de gros efforts ont été consentis pour la préservation de la diversité biologique nationale (MAHMOUDI, 2006).

Avec « l'ère des plans de gestion », les parcs nationaux s'orientent vers « la gestion réfléchie et planifiée » de leurs ressources naturelles. Leurs tâches sont plus précises, les actions à mener déterminées et les objectives cernés. Ce sont des « moteurs de développement » chargés de protéger et de développer les ressources naturelles uniques pour lesquelles ont été classées, en passant par des inventaires. Il est important d'intégrer et de stabiliser la population (habitants et riverains) et rechercher l'amélioration de leur niveau de vie grâce à l'inscription de programmes d'équipements tenant compte de leurs besoins, et instaurer des canevas de communication et un climat de confiance avec les autorités locales afin de freiner les projets portant atteinte à la biodiversité en les associant à la prise de décision à travers les conseils d'orientation du parc national (DGF, 2006).

On peut apprécier l'état de conservation de la flore d'un territoire donné en comparant l'état de cette flore à une époque du passé où cette flore était déjà correctement inventoriée (la fiabilité des données anciennes n'est pas toujours facile à établir), à son état actuel. Il est ainsi possible de mettre en évidence les espèces ayant pu disparaître et, à l'aide d'observations chorologiques fines, de noter si certains autres taxons sont en voie de raréfaction (GAMISANS & JEANMONOD, 1995).

La connaissance des particularités biologiques et écologiques des espèces de même que l'identification des facteurs historiques et actuels à l'origine des fluctuations de la flore sont indispensables à toute action de conservation de la biodiversité (DAHMANI-MAGREROUCHE, 1997).

Une meilleure prise en compte de la biodiversité au niveau local est aujourd'hui essentielle pour enrayer la perte de biodiversité (MONCORPS, 2009).

Dans ce sens, la préservation et la conservation des taxons endémiques et rares du parc et ses environs par un statut particulier est primordial. Nous proposons ci-après une liste d'espèces à intérêt patrimonial pour lesquelles le parc national de Gouraya et la direction des forêts de Béjaïa et de Jijel possèdent une responsabilité de conservation particulière.

Parmi les espèces jugées « assez rares », celles croissant sur le littoral (surtout sableux) et celles croissant dans des lieux plus ou moins humides et forestiers ont été retenues car leur habitat est par nature très vulnérable aux activités humaines et à leurs débordements. Toutes les espèces « rares » et « très rares » ont été retenues, à l'exception de *Vaillantia muralis* L. dont le caractère « rare » semble avoir été exagéré par Quézel et Santa (1962-1963), et nous nous rangerons donc plutôt à l'avis de Battandier (1888) qui le considère comme seulement « assez rare ». Ainsi, nous proposons une liste des espèces à protéger (Tableau 31).

Tableau 31 - Liste des espèces à protéger

Espèce	Niveau de rareté	Type d'habitat et répartition géographique en Algérie	Chorologie	Type biologique
Lithodora rosmarinifolia (Ten.) I.M. Johnston	RR	Rochers calcaires. RR : K2 : Cap Carbon, Cap de Garde.	Eur-méd.	Hémi.
Allium commutatum Guss.	RR	Rochers (île de Pisan, Béjaia)	(1)	Géo
Matthiola incana (L.) R.Br	RR	Rochers maritimes. RR : littoral d'Alger ; Cherchell.	Sténoméd.	Cham.
Stachys maritima L.	RR	Sables et rochers maritimes. RR : K2.	Sténoméd.	Hémi.
Asplenium petrarchae (Guerin) DC.	R	Rochers. R : K1-2, C1, A2, O1, O3.	Sténoméd-W	Hémi.
Hypochoeris saldensis Batt.	R	Rochers calcaires. R : K2 : Bougie, Cap Carbon, Cap Aokas.	End.	Thér.
Rumex scutatus L.	R	Rochers, éboulis. R: de Gouraya à Bougie	Méd.	Thér.
Sedum multiceps Coss et Dur.	R	Rochers surtout calcaires. R : K2, C2, autour de Constantine.	End.	Cham.
Erysimum cheiri (L.) Crantz subsp. *inexpectans* Véla, Ouarmim & Dubset	R	Sur les rochers maritimes du Cap carbon, Cap Bouak (Béjaia) R	Eur. Méridionale	Hémi.
Daucus reboudii Coss.	R	Forêts de chênes lièges. R : K2-3, C1 : Guelma	End. N.A.	Hémi.
Cakile aegyptiaca Maire et Weiller	AR	Sables maritimes. AR : sur tout le littoral.	Méd.-Atlant.	Thér.
Campanula alata Desf.	AC	Lieux humides. AC : K1-2-3, R : O1-2	End. Alg. Tun.	Hémi.
Coriaria myrtifolia L.	AR	Haies, forêts, bords des oueds. AR : A1-2, K2.	W. Méd.	Cham.
Limonium minutum (L.) Kuntze	RR	Rochers maritimes. RR : K2 : Djidjelli au Cap noir, indiqué à Dellys : subsp. *acutifolium* (Rchb.) Kuntze	W.Méd.	Hémi.
Lotus drepanocarpus Durieu	R	Rochers maritimes. R: de Djidjelli à la Tunisie.	Alger-Prov.	Cham.
Silene sedoides Poiret	RR	Sables et rochers maritimes. RR : K2-3.	Méd.	Thér.
Rupicapnos numidicus (Coss. et Dur.) Pomel	AC	AC : à l'Est de la ligne Alger-Djelfa, RR : dans l'Atlas saharien oranais.	Alg. Tun.	Thér.
Santolina rosmarinifolia L.	R	Forêts, pâturages. R : K1-2, AS1-2-3	Ibéro-Maur.	

104

Christella dentata (Forskal) Brownsey & Jermy	RR	Sources, le long de ruisseaux en sous-bois, à basse altitude.	Trop., subtrop. d'Af. et Asie	Hémi.
Pteris vittata L.	R	Ravins humides, rochers suintants. R : K2, A2, O1	Paléo- subtrop.	Hémi.
Pteris cretica L.	RR	Rochers calcaires humides. RR : K2 : Col de Selma, et Beni Foughal	Euro- subtrop.	Hémi.
Viola sylvestris subsp. *riviniana* (Rchb.) Tour.	R	Forêts des montagnes. R: K2-3.	Eur.	Hémi.
Fritillaria messanensis Raf.	AR	Forêts, broussailles, pâturages. AR.	Fr, Crète, Balkans	Géo.
(1) : Italie péninsulaire, Sicile, Sardaigne Corse, Provence, Baléares, en Dalmatie et jusqu'en Crète et en mer Egée, Algérie et Tunisie				

Cap Bouak

Cap Carbon

Photos : K. Rebbas, 2012

Chapitre 4.1 - Etat des lieux

En Algérie, le premier projet de Plan d'Action et Stratégie Nationale sur la Biodiversité fut élaboré par une équipe d'experts nationaux et internationaux, sous la direction du feu Prof MEDIOUNI Kouider en 2002, à la suite du plus grand processus de formulation participative et consultatif jamais accompli en Algérie. La version finale du Plan d'Action et Stratégie Nationale sur la Biodiversité fut parachevée et soumise à l'approbation des organismes et des différentes parties concernées (représentées dans le Comité Directeur) avant d'être officiellement entérinée par le gouvernement. Afin d'affiner le travail sur la biodiversité, le gouvernement algérien a bénéficié d'une aide du FEM (Fond pour l'Environnement Mondial) pour évaluer ses besoins en matière de renforcement des capacités, déterminer les priorités spécifiques au pays, analyser les capacités fonctionnelles et institutionnelles nécessaires à la conservation et à l'utilisation durable de la biodiversité conformément aux recommandations du Plan d'Action et Stratégie Nationale sur la Biodiversité (ABDELGUERFI, 2003).

Les parcs nationaux constituent le maillon le plus important en matière de conservation in situ du réseau national d'aires protégées. Les parcs nationaux qui existent en Algérie sont représentés dans tous les secteurs écologiques des domaines biogéographiques de l'Algérie. La création des parcs nationaux en Algérie s'est effectuée chronologiquement en 06 phases échelonnées sur une trentaine d'années (ABDELGUERFI, 2003):

- 1972 : Création du Parc national du Tassili, premier parc national crée depuis le recouvrement de l'indépendance de l'Algérie (Figure 29) ;

- 1983 : création de 04 parcs nationaux dans le Nord du pays : parcs nationaux d'El-Kala, de Chréa, du Djurdjura et de Thénièt-El-Had;

- 1984 : création de 03 autres parcs nationaux, toujours dans le Nord du pays: parcs nationaux du Bélezma, de Gouraya et de Taza ;
- 1987 : création du parc national de l'Ahaggar, deuxième parc saharien et réorganisation du Parc national du Tassili ;
- 1993 : création du Parc national de Tlemcen, toujours dans la frange Nord du pays;
- 2003 : classement du dernier parc national en Algérie : parc national de djebel Aïssa (wilaya de Nâama), sur 24.600 hectares (décret exécutif n° 03-148 du 29 mars 2003 portant classement du parc national de djebel Aïssa). Ce parc est localisé sur l'Atlas saharien. C'est le premier parc national implanté sur l'Atlas saharien.

La superficie totale des 11 parcs nationaux d'Algérie (du Nord et du Sud) est de 53.193.837 ha, soit une proportion de 22,33 % du territoire national.

Les parcs nationaux du Nord, qui se caractérisent par une grande diversité faunistique, floristique et de paysages, ont une superficie totale de 193.837 ha, soit 0,08 % du territoire national. Ces parcs sont gérés par un Directeur nommé par arrêté du Ministère de l'Agriculture. Ils ont un conseil scientifique qui ne fonctionne pas régulièrement. Les budgets alloués aux parcs demeurent globalement faibles et varient d'un parc à un autre.

Les parcs nationaux du Sud (Tassili et Ahaggar), ont une superficie totale de 53.000.000 ha, soit une proportion de 22,25 % du territoire national (ABDELGUERFI, 2003).

Les deux parcs nationaux du Sud du pays offrent un éventail de richesses et de sites archéologiques (peinture et gravures rupestres) constituant des musées à ciel ouvert uniques en leur genre, des paysages féeriques, ainsi qu'une faune et une flore considérées comme exceptionnelles dans le Sahara.

Le parc national du Tassili, qui s'étend sur une superficie de 80.000 kilomètres carrés, est le premier parc national créé en Algérie, par décret présidentiel en 1972, avec pour siège Alger, avant d'être réorganisé en 1987 avec pour siège Djanet (Wilaya d'Illizi).

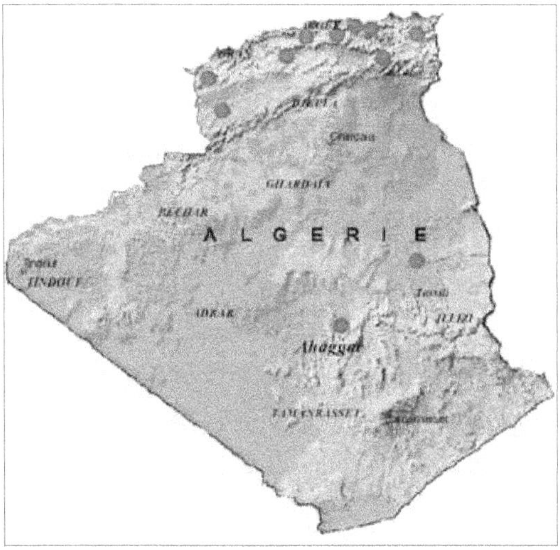

Source : DGF (direction générale des forêts)

Figure 29 - Répartition des parcs nationaux en Algérie

Il est géré par un office dénommé Office du Parc National du Tassili (OPNT). Le parc national de l'Ahaggar a été créé en 1987, avec pour siège Tamanrasset. Il s'étend sur une superficie de 450.000 kilomètres carrés, soit 69 % de la surface de la Wilaya de Tamanrasset qui est la plus grande Wilaya d'Algérie, avec environ 556.100 kilomètres carrés. Le parc national de l'Ahaggar est également géré par un office dénommé Office du Parc National de l'Ahaggar (O.P.N.A).

Les deux Offices de gestion des parcs du Sud (OPNT et OPNA), sont des établissements à caractère administratif (EPA) donc dépendant principalement du budget de l'Etat pour leur fonctionnement. Les budgets alloués aux deux parcs demeurent faibles eu égard à l'immensité de ces espaces protégés (ABDELGUERFI, 2003).

Le Classement des parcs en réserve de biosphère est comme suit :

1982 et 1986 : le Parc National du Tassili a été classé patrimoine mondial de l'humanité par l'UNESCO puis comme réserve de la biosphère (BESSAH, 2005).

1990 : Le Parc National d'El Kala

1997 : Le Parc National du Djurdjura

2003 : Le Parc National de Chréa

2004 : Les parcs nationaux de Taza et de Gouraya.

Sur le plan biogéographique, les parcs nationaux se répartissent dans 3 zones distinctes :

• *une zone du littoral et surtout des chaînes côtières* de l'est du pays, région bien arrosée couverte par les forêts les plus belles et les plus denses, qui comprend les parcs d'El Kala, de Taza et de Gouraya.

• *une zone de plaines continentales*, régions steppiques, plus sèche à relief montagneux, on y trouve le parc du Djurdjura, Chréa, Belezma, Theniet el Had, Tlemcen et Djebel Aissa.

• *une zone saharienne*, qui comprend le parc du Tassili et de l'Ahaggar.

Chapitre 4.2 - Le parc national du Gouraya

4.2.1 - Historique du parc national de Gouraya

En 1924, le Djebel Gouraya a été classé comme Parc National de Djebel Gouraya sur une superficie total de 530 ha par le Gouverneur Général de l'Algérie (Annexe 1: Arrêté et carte du Gouverneur Général de l'Algérie).

Actuellement le parc national de Gouraya est une aire protégée crée par décret n° 84.327 du 03 Novembre 1984 et régit par un statut défini par le décret n° 83-458 du 23 Juillet 1983 fixant le statut type des parcs nationaux modifié et complété par le décret exécutif n°98.216 du 24 juin 1998. Il s'étend sur une superficie de 2080ha (REBBAS, 2002; PNG, 2007).

La partie marine du parc est d'une superficie de 7 842ha et elle n'a fait l'objet d'aucune protection légale jusqu'à maintenant.

Dans la littérature spécialisée, la partie marine du parc national est considérée comme une partie intégrante du parc (PNUE/UICN, 1989).

Le lac Mézaïa s'étend sur une superficie de 2,5ha limité au nord par la maison de la culture, à l'ouest par la briqueterie Brandi et la route allant à l'université et à l'est l'ex souk el fellah. Il est situé dans le territoire de la commune de Béjaia de la Wilaya du même nom.

Cette zone humide est placée sous la tutelle de la conservation des forêts de Béjaia. Elle est néanmoins gérée par la commune dans le cadre de parc d'attraction, à partir de l'an 2001, il a été intégré au parc par décision du Wali n° 407/2001 (PNG, 2007).

Au sens de la loi (loi n°02-02 relative à la protection et à la valorisation du littoral), le littoral, du parc national de Gouraya, englobe : l'île Pisan, le plateau continental, dont la rupture de pente est à -100 mètres de profondeur, une bande de terre d'une largeur minimale de 800 mètres longeant la mer et incluant les versants de collines et montagnes visibles de la mer ; l'intégralité des massifs forestiers ; les terres à vocation agricole ; les sites présentant un caractère paysager, culturel ou historique.

Le littoral du Parc National de Gouraya, au sens de l'énoncé ci-dessus, fait l'objet de mesures générales de protection et de valorisation au terme de la loi n°02-02 (PNG, 2007).

4.2.2 - Flore et groupements végétaux du Parc National de Gouraya

4.2.2.1 – Flore vasculaire

a - Richesse floristique

Nous avons recensé 470 espèces appartenant à 298 genres et 87 familles botaniques (Tableau 32).

Les familles les plus représentées sont celles des *Asteraceae* avec 40 genres, des *Poaceae* avec 25 genres, des *Fabaceae* avec 23 genres, des *Apiaceae* avec 19 genres et des *Lamiaceae* et des *Brassicaceae* avec 11 genres. Les autres familles comportent moins de 10 genres. Certaines familles comme les *Equisetaceae*, *Hypericaceae*, *Plantaginaceae* ne sont représentées que par un seul genre dans l'ensemble de la flore algérienne.

Les familles les plus importantes, par ordre décroissant, sont les *Fabaceae* (61), *Asteraceae* (54), *Poaceae* (32), *Apiaceae* (24), *Liliaceae* (25), puis viennent les *Lamiaceae, Brassicaceae, Scrofulariaceae, Orchidaceae, Caryophylaceae, Euphorbiaceae, Rosaceae, Polypodiaceae, Rubiaceae* (entre 17 et 9 taxons).

Tableau 32- Nombre d'espèces et de genres par famille

Famille	Gen.	Esp.	Famille	Gen.	Esp.	Famille	Gen.	Esp.
Asteraceae	40	54	Solanaceae	2	3	Lythraceae	1	1
Poaceae	25	32	Ericaceae	2	3	Myrtaceae	1	1
Fabaceae	23	61	Genitiaceae	2	2	Polygalaceae	1	1
Apiaceae	19	24	Acanthaceae	2	2	Punicaceae	1	1
Lamiaceae	11	17	Salicaceae	2	2	Rafflésiaceae	1	1
Brassicaceae	11	13	Papaveraceae	2	2	Selaginellaceae	1	1
Liliaceae	10	25	Apocynaceae	2	2	Résédaceae	1	1
Rosaceae	8	9	Campanulaceae	2	2	Tamaricaceae	1	1
Scrofulariaceae	7	13	Caprifoliaceae	2	2	Theligonaceae	1	1
Caryophylaceae	6	10	Cucurbitaceae	2	2	Thymelaeaceae	1	1
Polypodiaceae	6	9	Dipsaceae	2	2	Rutaceae	1	1
Rubiaceae	6	9	Plantaginaceae	1	4	Typhaceae	1	1

Renonculaceae	6	8	Convolvulaceae	1	4	Ulmaceae	1	1
Orchidaceae	5	13	Anacardiaceae	1	3	Aizoaceae	1	1
Boraginaceae	5	6	Cupressaceae	1	2	Alismataceae	1	1
Chenopodiaceae	4	6	Araceae	1	2	Vitaceae	1	1
Oleaceae	4	5	Abietaceae	1	2	Amaranthaceae	1	1
Primulaceae	4	5	Linaceae	1	2	Araliaceae	1	1
Euphorbiaceae	3	10	Orobanchaceae	1	2	Aristolochiaceae	1	1
Malvaceae	3	6	Oxalidaceae	1	2	Asclepiadaceae	1	1
Cyperaceae	3	6	Plumbaginaceae	1	2	Cactaceae	1	1
Polygonaceae	3	5	Rhamnaceae	1	2	Capparidaceae	1	1
Iridaceae	3	4	Fumariaceae	1	2	Coriariaceae	1	1
Crassulaceae	2	7	Fagaceae	1	2	Dioscoreaceae	1	1
Geraniaceae	2	6	Hypéricaceae	1	2	Ephedraceae	1	1
Cistaceae	2	5	Equisétaceae	1	2	Frankeniaceae	1	1
Amaryllidaceae	2	4	Lauraceae	1	1	Globulariaceae	1	1
Urticaceae	2	3	Mimosaceae	1	1	Simaroubaceae	1	1
Valériaceae	2	3	Moraceae	1	1	Arecaceae	1	1

Il y a lieu de mentionner *Orchis patens* Desf. qui est une endémique algéro-tunisienne. Les autres espèces d'*Orchidaceae* recensées sont : *Aceras anthropophorum* (L.) Ait., *Himantoglossum robertianum* (Loisel) W. Greuter. Delforge, *Ophrys speculum* L., *Ophrys tenthredinifera* Willd., *Ophrys fusca*, Link, *Ophrys lutea* (Cav) Gouan, *Serapias parviflora* Parl., *Serapias strictiflora* Welwitsch ex Veiga (= *S. lingua* sensu Quezel et Santa, 1962-1963), *Orchis simia* Lamk, *Ophrys bombyliflora* Link, *Ophrys sphegifera* Willdenow (= *O. scolopax* sensu Quezel et Santa, 1962-1963), *Ophrys apifera* Hud., *Ophrys sp.* (REBBAS, 2010; REBBAS & VELA, 2013).

b - Eléments chorologiques

L'ensemble méditerranéen *s.l.* est le plus représentatif avec 302 espèces (Tableau 33). Il se répartit comme suit: taxons appartenant à l'élément phyto-chorique «sténoméditerranéen », sont au nombre de 200, suivis des euryméditerranéennes avec 86 espèces et des « ibéro-maurétaniennes » 4, « circum-méditerranéennes » 2, « afrique du nord-Italie » 2 (*Convolvulus sabatius* Viv. & *Limonium densiflorum* (Guss.) Kuntze), « afrique du nord-Sicile » 2 : *Serratula cichoracea* (L.) DC. et *Brassica amplexicaulis* (Desf.) Pomel. Les autres éléments sont représentés par une seule espèce comme *Petasites fragrans* Presl, *Ranunculus spicatus* Desf., *Carlina racemosa* L., *Rhaponticum acaule* (L.) DC., *Calendula suffruticosa* Vahl. et *Fritillaria messanensis* Raf.

L'élément septentrional regroupe les espèces appartenant aux éléments phytochoriques eurasiatiques, européens, paléo tempérés et circumboréales avec 38 espèces.

L'élément cosmopolite est représenté par 25 espèces. Ces espèces sont liées aux champs et aux cultures des villages limitrophes au parc comme *Solanum nigrum* L., *Senecio vulgaris* L., *Euphorbia peplus* L., *Anagallis arvensis* L. Les espèces à large répartition correspondent à des éléments de transition entre l'ensemble méditerranéen et les ensembles voisins. Le lot le plus important correspond aux méditerranéo-atlantiques avec 20 espèces, suivi par les méditerranéo-touraniennes avec 16 espèces, les euro-méditerranéennes 7. Les autres lots renferment moins de 5 espèces.

Tableau 33 - Types phytogéographiques du Parc National de Gouraya

Ensemble chorologique	Nbre	%	Ensemble chorologique	Nbre	%
MEDITERRANEENNES	302	63,40	**LARGE REPATITION**	64	13,66
Sténoméditerranéennes	200		Méditerranéo-Atlantiques	20	
Euryméditerranéennes	86		Méditerranéo-touraniennes	16	
Ibero-maurétaniennes	4		Euro-méditerranéennes	7	
Circum-méditerranéennes	2		Asiatiques	5	
Afrique du nord-Italie	2		Sub-tropicales	5	
Afrique du nord-Sicile	2		Américaines	4	
France-Sicile	1		Macaronésiennes-méditerranéennes	4	
Espagne, Italie, Crête Balkans	1		Néotropicales	3	
Afrique du nord	1		**COSMOPOLITES**	25	05,34
Afrique du nord-Espagne	1		**DIVERS**	13	02,78
Ibérique. Afrique du nord. Sicile	2		Naturalisé d'orig. Afrique de Sud.	2	

Ibérique.Mauritanie. Sicile	1		Paléotropicales.	1
ENDEMIQUES	27	05,77	Paléo-subtropicales	1
Endémiques algériennes	13		Naturalisé d'orig. Afrique de Est	1
Nord-africaines	12		Eurosibériennes	1
Algéro-marocaines	1		Ouest Méditerranéen. Canarie. Syrie	1
Algéro-tunisiennes	1		Europe et Caucase	1
NORDIQUES	38	08,11	Canarie-Méditerranéen.	1
Paléotempérées	20		Afrique-Orientale-Asie occidentale.	1
Eurasiatiques	11		Naturalisé Australie	1
Circum boréales	4		Eurasiatique. Nord Africaine. Tripolie.	1
Européennes	3		Afrique Nord, île de Penteleria et extrême sud de l'Andalousie	1
			TOTAL	470	100

c- Types biologiques

La flore du Parc National de Gouraya est constituée essentiellement par des thérophytes et des hémicryptophytes, suivi des phanérophytes et des géophytes, quant aux chaméphytes et les hélophytes sont peu abondants (Tableau 34).

Tableau 34 - Types biologiques du Parc National de Gouraya

Forme biologique	Nombre d'espèces	%
Phanérophytes	75	15,95
Chamaephytes	29	06,17
Hémicryptophytes	123	26,17
Géophytes	63	13,40
Thérophytes	176	37,44
Hélophytes	4	00,85

d - La flore endémique du Parc National de Gouraya

La flore du Parc National de Gouraya comporte 25 taxons endémiques (*s.l.*) dont 6 espèces sont des endémiques du K2, 6 endémiques de l'Algérie, 10 endémiques de l'Afrique du Nord, deux endémique algéro-tunisienne et une autre endémique algéro-marocaine (Tableau 35; Figure 30).

Sur les 87 familles inventoriées 15 possèdent des éléments endémiques. Les familles les plus riches en espèces endémiques sont : Les *Fabaceae* et les *Liliaceae* (4 espèces), *Caryophyllaceae*, *Geraniaceae*, *Crassulaceae*, *Apiaceae* et *Linaceae* (2 espèces). Les autres familles possèdent une espèce (les *Asteraceae*, *Euphorbiaceae*, *Scrofulariaceae*, *Primulaceae*, *Amaryllidaceae*, *Lamiaceae*, *Anacardiaceae* et *Plumbaginaceae*).

Tableau 35 - Les endémiques du Parc National de Gouraya

Espèce	Chorologie	Espèce	Chorologie
Bupleurum plantagineum Desf.	End. K2*	*Scilla numidica* Poiret	End. Alg. Tun.
Hypochoeris saldensis Batt.	End. K2*	*Limonium gougetianum* (de Girard) Kuntze.	End. Alg. Tun.
Silene sessionis Batt.	End. K2*	*Cyclamen africanum* Boiss et Reut.	End.N.A.
Erysimum cheiri (L.) Crantz subsp. *inexpectans* Véla, Ouarmim & Dubset	End. K2*	*Daucus reboudii* Coss.	End.N.A.
Genista ferox Poiret. var. *salditana*	End.K2*	*Pistacia atlantica* Desf.**	End.N.A.
Pancratium foetidum var. *saldense* Batt.	End.K2	*Anarrhinum pedatum* Desf.	End.N.A.
Sedum multiceps Coss et Dur.	End.Alg.	*Genista ferox* Poiret. var. *ferox*	End.N.A.
Genista ulcina Spach.	End.Alg.	*Euphorbia paniculata* Desf.	End.N.A.
Genista vepres Pomel	End.Alg.	*Genista tricuspidata* Desf.	End.N.A.
Erodium hymenodes L'Her.	End.Alg.	*Geranium atlanticum* Boiss et Reut.	End.N.A.
Nepeta algeriensis de Noé	End.Alg.	*Scilla lingulata* Poiret	End.N.A.
Allium trichocnemis J. Gay	End.Alg.	*Linum corymbiferum* Desf.	End.N.A.
Silene imbricata Desf.	End. Alg. Mar.		
* : espèces endémiques du PNG			
** : espèce introduite			

L'étude écologique, morphologique et systématique de la giroflée (*Erysimum* sect. *Cheiranthus*) du Parc National de Gouraya (OUARMIM & DUBSET, 2008 ; OUARMIM et *al.*, 2013) a révélé l'existence d'un nouveau taxon de la section *Cheiranthus* du genre *Erysimum*, qui s'ajoute donc à la liste des endémiques du parc national de Gouraya.

Cela montre à quel point la flore de ce parc, pourtant bien étudiée peut révéler encore des surprises, et nous incite à poursuivre l'étude de ce site. Ces résultats soutiennent l'idée que l'attribution de statut de *hotspot* dépend étroitement des connaissances de la région considérée (VÉLA & BENHOUHOU, 2007) et viennent confirmer le statut de *hotspot* régional de la Kabylie.

1. *Hypochoeris saldensis* Batt., 2. *Allium trichocnemis* J. Gay, 3. *Silene sessionis* Batt., 4. *Bupleurum plantagineum* Desf. (Photos 1 et 2 : E. Véla, 2007; 3 et 4 : K. Rebbas, 2007)

Figure 30 - Endémiques du Parc National de Gouraya

e - Rareté des taxons

La flore de PNG est composée de 47 espèces rares (*s.l.*) dont 16 espèces assez rares, 19 espèces rares et 12 espèces très rares (Tableau 36).

Certains taxons sont rares et bénéficient d'une protection en Algérie (décret exécutif n°12-03 du 4 janvier 2012 fixant la liste des espèces végétales non cultivées protégées en Algérie) comme *Allium trichocnemis* J. Gay.,

Euphorbia dendroides L., *Bupleurum plantagineum* Desf., *Limonium gougetianum* (de Girard) Kuntze., *Orchis patens* Desf., *Orchis simia* Lamk. Les endémiques strictes qui sont *Bupleurum plantagineum* Desf., *Hypochoeris saldensis* Batt. et *Silene sessionis* Batt. figurent d'ailleurs à juste titre sur la liste rouge de l'UICN (WALTER & GILLET, 1998).

Tableau 36 - Les espèces végétales rares du Parc National de Gouraya

Espèce	Niveau de rareté	Espèce	Niveau de rareté
Bupleurum plantagineum Desf.	RR	*Calamintha sylvatica* Bromf.	R
Allium trichocnemis J. Gay	RR	*Vaillantia muralis* L.	R
Allium commutatum Guss.	RR	*Pennisetum setaceum* subsp. *asperifolium* (Desf.) M.	R
Matthiola incana (L). R.Br.	RR	*Vicia sativa* subsp. *sativa* L.	R
		Veronica anagallis-aquatica L.	R
Euophorbia clementei Boiss.	RR	*Sedum cepaea* L.	R
Medicago monspeliaca (L.) Trautv.	RR	*Parietaria lusitanica* L.	R
Mentha spicata L.	RR	*Sedum multiceps* Coss et Dur.	R
Stachys maritima L.	RR	*Genista ulcina* Spach.	AR
Veronica persica All.	RR	*Nepeta algeriensis* de Noé	AR
Euphorbia dendroides L.	RR	*Pancratium foetidum* var. *saldense* Batt.	AR
Lithodora rosmarinifolia (Ten.) I.M. Johnston	RR	*Senecio lividus* subsp. *foeniculaceus* (Ten) Br. Bl. et M.	AR
Silene sessionis Batt.	RR	*Cakile aegyptiaca* Maire et Weiller.	AR
Hypochoeris saldensis Batt.	R	*Coriaria myrtifolia* L.	AR
Erysimum cheiri (L.) Crantz subsp. *inexpectans* Véla, Ouarmim & Dubset	R	*Lathyrus annuus* L.	AR
Scorpiurus muricatus subsp. *sub-villosus* (L.) Thell.	R	*Spartium junceum* L.	AR
Genista vepres Pomel	R	*Vicia bithynica* L.	AR
Daucus reboudii Coss.	R	*Vicia monardi* Boiss. & Reuter	AR
Carex sylvatica var. *algeriensis* (Nelmes) M. et W.	R	*Fritillaria messanensis* Auct.	AR
Vicia peregrina L.	R	*Orchis simia* Lamk	AR
Malope malachoides subsp. *eu-malachoides* Maire	R	*Orchis patens* Desf.	AR
Asplenium petrarchae (Guérin) DC.	R	*Phyllitis sagittata* (DC.) Guinea & Heywood	AR
Rumex scutatus L	R	*Coriaria myrtifolia*. L.	AR
		Sanguisorba ancistroides (Desf) A.Br	AR

4.2.2.2 - Flore lichénique

a - Introduction et méthodologie

Il y a plus d'un siècle, aucun travail de synthèse portant sur la flore lichénique d'Algérie n'a été réalisé comparativement à la flore vasculaire. La plupart des travaux sont éparpillés dans des revues, notamment dans le bulletin de la Société d'Histoire Naturelle d'Afrique du Nord, qui malheureusement n'existe plus depuis une vingtaine d'année.

Les lichens sont utilisés en phytothérapie depuis l'antiquité et récemment leurs propriétés antibiotiques, antitumorales et inhibitrices de la réplication du virus du SIDA sont mis es en évidence.

Leur sensibilité aux polluants athmosphériques a fait qu'ils soient utilisés comme bioindicateur et accumulateur de polluants.

Cependant, l'utilisation de la biosurveillance et notamment l'utilisation de la bioindication lichénique a permis de combler ces lacunes car il s'agit de «l'utilisation des réponses à tous les niveaux d'organisation biologiques» (moléculaire, biochimique cellulaire, physiologique...etc) pour prévoir et révéler une altération de l'environnement et pour en suivre l'évolution.

Les travaux en lichénologie ont continué en Algérie, notamment à l'Est et au Centre du pays dans le cadre de la préparation de mémoires de fin d'études, et depuis le décès du défunt Docteur Rahali et de l'érudit Professeur Semadi qui était le prédécesseur des études lichenologiques notamment dans le cadre de la biosurveillance, la lichénologie a été abandonnée, sauf quelques uns qui continuent les recherches dans le cadre de la systématique des lichens (BOUTABIA, 2000).

Ce présent travail contribue à l'enrichissement de la flore lichénique algérienne, afin de mettre au point un « check-list » des espèces lichéniques méditerranéennes souscrites dans le programme du défunt docteur Rahali.

Le PNG est un milieu favorable à la propagation et au développement des lichens qui n'ont pas été recensés. Plusieurs relevés ont été réalisés sur différents supports soit sur écorce (épiphyte), sur rocher (saxicole) ou sur terre (terricole). Pour chaque station une fiche technique est mise au point où nous notons les coordonnées Lambert de la station, l'exposition, pente, nature du substrat, lieu, l'auteur, le numéro du relevé et la date. Ces relevés se répartissent en trois, selon la nature du substrat :

Pour les épiphytes, les espèces crustacées sont très adhérentes au substrat (écorce) où elles sont fixées, dans ce cas il est nécessaire de prélever également le substrat à l'aide d'un couteau bien aiguisé.

Les lichens se développant sur les rochers sont les plus abondants. A l'aide d'un marteau, on récolte les fragments des roches qui contiennent les échantillons de lichens. Ces derniers sont conservés dans des enveloppes en papier à fin de bien les sécher puis mis dans des sachets et conservés.

En ce qui concerne les espèces terricoles et muscicoles, elles sont généralement récoltées aisément à l'aide d'un bon couteau ou simplement à la main, en prenant soin de bien enlever la base. Les lichens très secs et cassants sont humectés avant leur prélèvement.

La détermination des échantillons sous la direction de Boutabia, s'est déroulée au Centre Universitaire d'El Tarf. Nous avons eu recours, pour cela aux ouvrages d'Ozenda & Clauzade (1970), de Clauzade et Roux (1985, 1987) et de TIEVANT (2001).

b - Résultats et discussion

Nous avons inventorié 50 lichens appartenant à 14 familles (Tableau 37 et annexe $3_{(1)}$ et $4_{(2)}$) avec la dominance de la famille des Lécanoracées (11 espèces) suivies par la famille des Caloplacacées et Collémacées avec respectivement 9 et 6 espèces (Tableau 38). Par contre les familles des Candélariacées, des Dirinacées, des Hypolichens, des Pertusariacées et des

Roccelacées sont les moins représentées avec une espèce chacune (REBBAS et *al.*, 2011).

Les types physionomiques sont représentés avec une nette dominance des thalles crustacés qui constituent à eux seuls 60% de la flore lichénique recensée (Tableau 39). Par contre, les catégories les moins représentées sont les squamuleux avec 2% de l'ensemble des espèces recensées.

Tableau 37 - Répertoire des Lichens du Parc national de Gouraya (REBBAS et *al.*, 2011)

Espèce	
Acarospora fuscata (Nyl.) Th. Fr.	*Evernia prunastri* (L). Ach.
Acarospora umbilicata Bagl.	*Fulgensia fulgens* (Swartz) Elenkin
Acarospora sinopica (Wahlenb.) Körber	*Lecanora muralis* (Schreber.) Rabenh.
Aspicilia caesiocinerea (Nyl. ex Malbr.) Arnold	*Lecanora chlarotera* Nyl.
Aspicilia radiosa (Hoffm.) Poelt.	*Lecanora albella* (Pers.) Ach
Aspicilia calcarea (L.) Mudd.	*Lecanora atra* (Huds.) Ach.
Buellia punctata (Hoffm.) Massal,	*Lecanora carpinea* (L.) Vainio
Caloplaca aurantia (Pers.) J. Steiner	*Lecanora argentata* (Ach.) Malme
Caloplaca chalybaea (Fr.) Müll. Arg.	*Lecanora allophana* (Ach.) Nyl.
Caloplaca citrina (Hoffm.) Th. Fr.	*Lecidella alaiensis* (Vain) Hertel
Caloplaca erythrocarpa (Pers.) Zwackh.	*Lecidella elaeochroma* (Ach.) Choisy.
Caloplaca thallincola (Wedd.) Du Rietz	*Lepraria incana* (L.) Ach,
Caloplaca ferruginea (Hudson) Th. Fr.	*Leptogium lichenoides* (l.) Zahlbr
Candelariella vitellina (Hoffm.) Müll. Arg.	*Pertusaria albescens* (Huds.) Choisy et Werner
Cladonia fimbriata (L.) Fr.	*Physcia adscendens* (Fr.) Oliv.
Cladonia rangiformis Hoffm.	*Physcia leptalea* (Ach.) DC.
Cladonia foliacea (Huds.) Willd.	*Psora opaca* (Duf.) Massal.
Cladonia pyxidata (L.) Hoffm.	*Ramalina farinacea* (L.) Ach.
Collema auriforme (With.) Coppins et Laundon	*Ramalina polymorpha* (Ach.) Ach.
Collema crispum (Huds.) Weber ex Wigg.	*Rhizocarpon umbilicatum* (Ram.) Jatta
Collema flaccidum (Ach.) Ach.	*Roccella phycopsis* Ach
Collema cristatum (L.) Weber ex Wigg.	*Squamarina cartilaginea* (With.) P. James
Collema tenax (Swartz) Ach.	*Teloschistes chrysophtalmus* (L.) Th. Fr.
Dermatocarpon sp.	*Verrucaria marmorea* (Scop.) Arnold
Dirina repanda (Ach.) Fr.	*Xanthoria parietina* (L.) Th. Fr.

Le tableau de la répartition des lichens par nature de substrat montre la dominance des espèces saxicoles (Tableau 40). La structure physionomique des lichens nous renseigne sur la qualité de l'air, telle est la présence des lichens fruticuleux qui nous révèle la bonne qualité de l'air, et d'autre part des lichens crustacés qui nous révèlent une salubrité de l'air.

Tableau 38 - Importance des lichens classés par famille du Parc national de Gouraya

Famille	Nombre d'espèces	Proportions en %
Acarosporacées	3	6
Buelliacées	3	6
Caloplacacées	9	18
Candélariacées	1	2
Cladoniacées	4	8
Collémacées	6	12
Dirinacées	1	2
Hypolichens	1	2
Lécanoracées	11	22
Lécidéacées	4	8
Pertusariacées	1	2
Roccelacées	1	2
Usneacées	3	6
Verrucariacées	2	4
Total : 14	50	100

Cela représente un constat, les différentes observations de répartition quantitative et qualitative des lichens au niveau du territoire du Parc national de Gouraya montrent que : en périphérie du parc ; de la maison forestière en allant vers Sidi Ouali et Taassast, on note la présence de quelque trace de l'espèce *Xanthoria parietina* (annexe 3) qui est un lichen nitrophile poléophile, résistant à la pollution par conséquent cette espèce se trouve dans toutes les stations du parc. Plus on s'éloigne de la ville soit dans les microclimats de boisement ou en altitude soit par l'exposition, on observe une nette diversité de la flore lichénique, c.à.d, plus on s'éloigne de la ville plus on a tendance à retrouver une richesse lichénique plus importante.

Tableau 39 - Types physionomiques des lichens du Parc national de Gouraya

Catégories	Nombre d'espèces	Proportions en %
Crustacés	30	60
Foliacés	4	8
Fruticuleux	5	10
Gélatineux	6	12
Composites	4	8
Squamuleux	1	2
Total : 06	50	100

Tableau 40 - Types de lichens définis selon la nature du substrat

Types de lichens définis selon la nature du substrat	Nombre d'espèce
Epiphytes	12
Saxicoles	31
Terricoles	7

L'espèce *Buellia punctata*, qui résiste à un taux de pollution élevé, elle a été observée à la station Loubard où la décharge est installée. Cependant, cette espèce reflète nettement la qualité de l'air de ce milieu. Aussi, l'espèce *Lepraria incana* très tolérante à la pollution, est présente au Cap Bouak où la pollution est liée à la circulation automobile des touristes.

Par contre, les espèces qui indiquent la pureté de l'air telle que l'espèce *Teloschistes chrysophtalmus, Physcia adscendens* se trouvent au Fort Gouraya, et l'espèce *Roccella phycopsis* qui a été recoltée à M'cid El Bab au versant nord-ouest de Djbel Gouraya là où elles ont trouvé refuge respectivement en altitude, ou en exposition, loin de la pollution de la ville.

Parmi les lichens recensés, six sont protégés (Figure 31) en Algérie :
Cladonia fimbriata (L.) Fr., *Cladonia rangiformis* Hoffm., *Cladonia foliacea*
(Huds.) Willd., *Physcia adscendens* (Fr.) Oliv., *Physcia leptalea* (Ach.) DC.,
Ramalina farinacea (L.) Ach.

Roccella phycopsis Ach (**NT**=Near Threatened, un taxon est dit Quasi
menacé) et *Ramalina polymorpha* (Ach.) Ach. (**NT**) sont classés dans la liste
rouge des pays de Galles (WOODS, 2010).

1. *Cladonia fimbriata* (L.) Fr., **2**. *Cladonia rangiformis*
Hoffm., **3.** *Cladonia foliacea* (Huds.) Willd, **4.** *Physcia
adscendens* (Fr.) Oliv., **5**. *Physcia leptalea* (Ach.) DC., **6**.
Ramalina farinacea (L.) Ach. (Photos : K. Rebbas, 2008)

Figure 31 - Lichens protégés du Parc
National de Gouraya

4.2.2.3- Groupements végétaux du Parc National de Gouraya

L'étude factorielle de la végétation du Parc national de Gouraya nous a permis de mettre en évidence sept groupements végétaux (Annexe $3_{(3)}$) et de comprendre leur déterminisme écologique (REBBAS et *al.*, 2011). Il est désormais possible de rattacher les groupements obtenus aux syntaxons de la classification phytosociologique à l'échelle internationale (domaines européens et méditerranéens principalement).

- Groupement **(1)** : groupement indifférencié à *Populus alba*, affilié à la classe des *Querco- Fagetea* BRAUN-BLANQUET & VLIEGER 1937 et à l'ordre des *Populetalia albae* BRAUN-BLANQUET 1931, représentant les formations hygrophiles, riches en espèces de souches méditerranéennes et nordiques. Les *Populetalia albae* BRAUN-BLANQUET 1931 sont caractérisées par *Fraxinus angustifolia, Populus alba, Ulmus campestris, Arum italicum et Vitis vinifera.* Le sous-bois est formé de *Crataegus monogyna, Rubus ulmifolius* et des espèces transgressives des *Quercetea ilicis* et syntaxons subordonnés. Certaines espèces y sont fréquentes, comme *Nerium oleander* et *Coriaria myrtifolia.* Les lianes sont représentées par *Smilax aspera* et *Tamus communis.* La strate herbacée comprend des nitrophiles qui traduisent le passage fréquent de l'homme et des troupeaux : *Geranium robertianum* et *Chrysanthemum fontanesii.* La formation à *Fraxinus angustifolia* est liée aux habitats les moins humides. Quelques espèces indicatrices de stations eutrophes, comme *Geranium robertianum*, montrent une abondance particulière principalement due à l'influence humaine. Les ormes (*Ulmus sp.*) peuvent former le long des oueds de véritables galeries forestières, mais ils occupent aussi les pentes, parfois très abruptes. Dans la strate herbacée, riche en géophytes, *Ficaria verna* joue le rôle le plus important, souvent accompagnée par des espèces indicatrices de la fertilité de cet habitat forestier (par exemple, *Arum italicum*). Dans certains cas, *Rubus ulmifolius* pénètre dans le groupement et peut, avec le temps, l'envahir en créant une

125

strate arbustive impénétrable. Le manque de lumière va progressivement diminuer la richesse floristique jusqu'à une quinzaine d'espèces. Si les conditions édaphiques restent stables, les arbres de la forêt riveraine *(Populus alba, Fraxinus angustifolia)* s'installent dans ces fourrés, quoiqu'avec difficulté (BENSETTITI, 1995). Ce groupement est localisé à des altitudes comprises entre 60 et 90m, au niveau des talwegs à M'cid el Bab et à Ighil Izza.

- Groupement **(2)** : *Bupleuro fruticosi- Euphorbietum dendroidis* GEHU et *al.* 1992. Dans le nord de l'Algérie, trois péninsules calcaires et/ou métamorphiques abritent la rare *Euphorbia dendroides* (QUEZEL & SANTA 1962-1963), où elle côtoie le plus souvent *Bupleurum fruticosum*. Cette association y a été décrite par GEHU et al. (1992). Elle se rattache à la classe des *Quercetea ilici*s BRAUN-BLANQUET 1947, à l'ordre des *Pistacio-Rhamnetalia alaterni* RIVAS MARTINEZ 1975, et à l'alliance de *l'Oleo-Ceratonion* BRAUN-BLANQUET 1936. Ce sont des formations arbustives occupant les falaises et escarpements rocheux maritimes faiblement exposés aux embruns de par leur position altitudinale élevée et/ou leur exposition abritée des vents dominants. Au niveau de cette association, nous pouvons définir une variante où *Chamaerops humilis* abonde, exclusive des matorrals rocheux exposés au nord (nouvelle sous-association) et caractérisée par l'infiltration d'espèce rupicoles rares en limite d'aire (*Matthiola incana*) et/ou endémiques (*Bupleurum plantagineum*). D'autres endémiques locales y sont d'ailleurs présentes, bien que non rencontrées dans nos relevés car bien plus rares que *Bupleurum plantagineum* (*Hypochaeris saldensis, Sanguisorba ancistroides* var. *battandieri, Silene sessionis*) et semblant exclusives des *Asplenietea rupestris* (H.M) BRAUN-BLANQUET, 1934 sur grandes falaises verticales compactes (non échantillonnées ici). Ce groupement particulier et ses endémiques quasi-exclusives des falaises du Gouraya exposées au nord avait été précédemment identifié par PONS & QUEZEL (1955) sous le vocable « association à *Bupleurum fruticosum* et *Hypochaeris saldensis* », mais sans être formellement nommé d'un point de vue syntaxonomique.

En Afrique du Nord, l'étude des phytocénoses des rochers maritimes a commencé avec POTTIER-ALAPETITE (1954) à Zembra et avec PONS & QUEZEL en 1955 en Algérie (CHAABANE, 1997). Les travaux relatifs aux communautés où prédominent *Euphorbia dendroides* L. sont très peu nombreux. Dans la partie septentrionale de la Méditerranée, une association a été définie et reconnue : l'*Oleo-Euphorbietum dendroidis* TRINAJSTIC (1973) 1984 (TRINAJSTIC, 1973; 1984).

En Algérie, ces travaux sont tous localisés dans une ou deux stations (KAABECHE *et al*, 1998) : PONS & QUEZEL (1955) ont cité *Euphorbia dendroides* L. comme « compagne » de « groupements rupicoles juxtalittoraux relevant des *Asplenietea rupestris* (H.M.) BRAUN-BLANQUET 1934 ». TOUBAL-BOUMAZA (1986) a décrit un « groupement à *Euphorbia dendroides* L. » faisant partie de la série thermoméditerranéenne de l'*Oleo-lentiscetum*. Suite à des observations phytosociologiques effectuées au Cap Carbon, GEHU *et al.* (1992) ont réalisé la première analyse phytosociologique de ces communautés où ils ont reconnu et défini un *Bupleuro-Euphorbietum dendroidis* GEHU *et al.* (1994) ont précisé le cadre phytosociologique et les relations des communautés à *Euphorbia dendroides* L. du Cap de Garde avec leurs homologues d'Europe.

Le *Bupleuro-Euphorbietum dendroidis* GEHU *et al.*, 1992 se distingue par la fréquence et l'abondance des espèces caractéristiques de l'*Oleo-Ceratonion* BRAUN-BLANQUET 1936 *em.* RIVAS MARTINEZ 1975 mais également des *Pistacio-Rhamnetalia alaterni* RIVAS MARTINEZ 1975 et de la classe des *Quercetea ilicis* BRAUN-BLANQUET 1947. Au sein de ce groupement, *Euphorbia dendroides* présente une fréquence et une abondance élevée. Parmi les espèces différentielles citées par GEHU *et al.* (1992), nous

127

retrouvons dans notre dition les différentielles suivantes : *Asparagus albus, Anagyris foetida, Opuntia ficus-indica, Asphodelus microcarpus, Ruscus hypophyllum, Bupleurum plantagineum, Asteriscus maritimus, Erica multiflora, Matthiola incana.*

* Le sous-groupement **(2a)** est localisé tout le long des escarpements rocheux (Cap Carbon, Pointe Noire, les Aiguades et Cap Bouak) et préfère nettement une exposition ensoleillée (souvent sud-est pour des raisons géomorphologiques). Il apparaît comme le vicariant de « l'association à *Pennisetum asperifolium* et *Pancratium foetidum* var. *saldense* » identifiée par PONS & QUÉZEL (1955) comme appartenant à la classe des *Asplenietea rupestris* (H.M) BRAUN-BLANQUET, 1934, croissant sur les falaises compactes verticales exposées au sud et non échantillonnées ici par manque d'accessibilité.

* Le sous-groupement **(2b)** représente une sous-association *bupleuretosum plantaginei* (relevé-type n°41) du *Bupleuro fruticosi-Euphorbietum dendroidis* GEHU *et al.*, 1992, et apparait entre 10 et 45m d'altitude sur des substrats calcaires et s'observe sur le versant nord du Djebel Gouraya. Elle est caractérisée par : *Bupleurum plantagineum, Chamaerops humilis, Asteriscus maritimus, Erica multiflora* et *Matthiola incana.*

- Groupement **(3)** : *Erico-arboreae-Pinetum halepensis* BRAKCHI 1998, sous-association *ampelodesmetum mauritanicae* BRAKCHI 1998. Elle se rattache à la classe des *Quercetea ilicis* BRAUN-BLANQUET 1947, à l'ordre des *Pistacio-Rhamnetalia alaterni* et à l'alliance de *l'Ericion arboreae* RIVAS MARTINEZ (1975) 1987. Parmi les espèces caractéristiques et différentielles de l'association et de la sous-association (*Lavandula dentata* absente dans notre groupement), nous retrouvons *Ampelodesma mauritanicum, Pinus halepensis, Arbutus unedo, Quercus coccifera* et *Erica arborea.*

BRAKCHI (1998) a décrit cette sous-association *ampelodesmetosum mauritanicae* dans la région de Ténès, Cherchell (Forêt de Beni Habiba) en situation légèrement plus humide et fraiche. Elle s'inscrit dans le *Pistacio-Rhamnetalia alaterni* et dans l'*Ericion arboreae* RIVAS MARTINEZ (1975) 1987.

Le groupement (3) est défini par les espèces suivantes : *Pinus maritima, Lavandula stoechas, Foeniculum vulgare, Eryngium tricuspidatum, Quercus suber, Centaurium umbellatum, Genista tricuspidata, Erica arborea, Eucalyptus globulus.* C'est un groupement de dégradation, étant donnée la prédominance de *Ampelodesma mauritanicum* qui indique un milieu fréquemment incendié (DEBAZAC, 1959). L'action du surpâturage est indiquée par la présence de *Daphne gnidium* (DEBAZAC, 1959; AIME, 1976) ; il se localise sur presque toute la partie ouest du parc (Ighil-Izza et Boulimat jusqu'à Saket). A Ighil Izza, le *Quercus suber* occupe la partie nord de cette colline (30 pieds de *Quercus suber* environ : 2 à 10m de hauteur et 0,20 à 0,50m de diamètre). Dans la partie dégradée (partie sud), un seul pied de *Quercus suber* a été observé (Relevé 54). Ce groupement provient très certainement de la dégradation d'une subéraie thermophile.

- Groupement **(4)** : groupement indifférencié à *Lavatera olbia* et *Rubus ulmifolius*, que nous avons affilié à la classe des *Quercetea ilicis* BRAUN-BLANQUET 1947, à l'ordre des *Pistacio-Rhamnetalia alaterni* RIVAS MARTINEZ 1975, et à l'alliance de l'*Oleo-Ceratonion* Braun-Blanquet 1936. Il caractérise des formations broussailleuses sur substrat ébouleux et/ou suintant.

Les espèces qui définissent ce groupement sont essentiellement : *Acanthus mollis, Ailanthus altissima, Lavatera olbia, Vitis vinifera, Hedera helix, Urtica membranacea, Lagurus ovatus, Chrysanthemum segetum.* Les espèces caractéristiques locales de ce groupement sont : *Rubus ulmifolius, Lavatera*

129

olbia, Inula viscosa, Vitis vinifera. C'est un matorral broussailleux et lianescent. La strate herbacée est constituée de géophytes, thérophytes et hémicryptophytes parfois relativement sciaphiles. Ce groupement s'observe sur le flanc nord du Djebel Gouraya (Pointe des Salines). La forte pente et l'ombrage quasi-permanent sont les garants d'une instabilité relative du substrat et d'une humidité édaphique non négligeable, favorable à la colonisation par des broussailles plus ou moins lianescentes.

- Groupement **(5)** à *Pinus halepensis* qui regroupe les formations de matorrals élevés, rattaché à la classe des *Quercetea ilicis* BRAUN–BLANQUET 1947, à l'ordre des *Pistacio-Rhamnetalia alaterni* RIVAS MARTINEZ 1975. La strate arborescente est représentée par des pieds de *Pinus halepensis.* Nous avons observé *Quercus coccifera* et *Phillyrea media* qui atteignent 7m de hauteur à Sidi-Aissa et aux Aiguades. Il est riche en espèces humicoles et humides : *Ruscus hypophyllum, Viburnum tinus* (MAIRE, 1926 ; GOUNOT & SCHOENENBERGER, 1967). Le passage du feu est attesté par la présence d'*Ampelodesma mauritanicum* (DEBAZAC, 1959 ; AIME, 1976). Nous avons pu l'observer au niveau de M'cid el-Bab (versant sud du Djebel Oufarnou et partie ouest du Djebel Gouraya), des Aiguades, des Oliviers, de Sidi-Aissa, du port pétrolier et du tombeau de Lala Yamna. Il pourrait s'agir d'une superposition structurale de *Pinus halepensis* adultes ou sub-adultes sur un matorral qui a connu des incendies répétés et qui ont favorisé la régénération naturelle du pin d'Alep.

-Groupement **(6)** à *Quercus coccifera* : association à *Lonicero-Quercetum coccifera*, sous-association *cocciferetosum* NEGRE 1964, rattachée à la classe des *Quercetea ilicis* BRAUN-BLANQUET 1947, à l'ordre des *Pistacio-Rhamnetalia alaterni* RIVAS MARTINEZ 1975. Il représente un matorral moyen, qui occupe la plus grande partie de versant sud du Djebel Gouraya.

Les formations de *Quercus coccifera* constituent souvent et pendant plusieurs années un stade durable, mais il ne correspond nullement à un "blocage" de l'évolution, et il cède facilement la place au *Pinus halepensis* (GODRON, 1989). NEGRE (1964) puis BAUMGARTNER (1965) ont défini une sous-association à *Quercus coccifera* (faciès de dégradation du *Lonicero- Quercetum cocciferae*) dans la région de Tipasa. *Lonicero-Quercetum cocciferetosum* BAUMGARTNER 1965 est caractérisée par les taxons suivants : *Quercus coccifera, Phillyrea angustifolia* subsp. *media, Rubia peregrina, Lonicera implexa, Asparagus acutifolius, Carex halleriana.* NEGRE (1964) a cité les même caractéristiques d'association ; comme espèces différentielles de la sous-association à *Quercus coccifera,* on retrouve dans notre étude les taxons suivants : *Rosa sempervirens , Phillyrea media, Globularia alypum, Fumana thymifolia* et *Ampelodesma mauritanicum.*

- Groupement **(7)** : *Asteriscetum maritimi* NEGRE 1964, qui représente les formations aérohalines de chasmophytes exposées aux embruns. Il appartient à la classe des *Crithmo-Limonietea* BRAUN-BLANQUET 1947.

Au pied des falaises de la côte algéroise, WOJTERSKI (1988) a décrit un groupement à *Asteriscus maritimus,* constituant souvent des fragments de pelouse de cette espèce, très résistante aux coups de vent et aux embruns salées. Comme l'indiquat GEHU et *al.* (1992): « Il conviendra de vérifier si cette communauté correspond au *Crithmo-Limonietum gougetiani* NEGRE (1964), voire à l'association à *Limonium psilocladon* et *L. gougegianum* (PONS & QUEZEL, 1955) de l'Algérie Centre-occidentale ».

La présentation des données par NEGRE (1964) sous forme de tableaux phytosociologiques synthétiques ne permet malheureusement pas d'autre interprétation des relevés, que celle de l'auteur (WOJTERSKI, 1988). Les éléments les plus caractéristiques de la végétation de la région de Tipaza sont les suivants :

(i) La végétation des rochers au bord de la mer, submergés en hiver pendant les tempêtes. L'association *Crithmo-Limonietum gougetiani* NEGRE (1964) supporte une haute concentration en sel. La composition floristique de ce groupement est la suivante : *Crithmum maritimum* (V), *Arenaria sapathulata* (V), *Lotus creticus* ssp. *cytisoides* (V), *Limonium gougetianum* (IV), *Frankenia laevis* ssp. *intermedia* (IV) et *Limonium psiloclado* (I). PONS ET QUEZEL (1955), qui ont décrit la végétation des rochers maritimes du littoral de l'Algérie centrale et occidentale, distinguent entre autre une association à *Limonium psiloclado* et *L. gougegianum* avec un fragment à *Crithmum maritimum*. L'unité présentée par NEGRE (1964) dans la région de Tipaza correspond à la sous association typique de cette association.

(ii) La végétation de la falaise avec l'association *Asteriscetum maritimi* NEGRE 1964 est d'un recouvrement plus élevé. Des fragments de cette association se développent sur les pentes nord, humides et ombreuses, sous association à *Hyoseris radiata* ou bien sur les replats et ressauts des rochers, sous association à *Dactylis glomerata* ssp. *maritima* (WOJTERSKI, 1988).

Nous rattachons le groupement (7) à *l'Asteriscetum maritimi* NEGRE 1964, défini dans la région de Tipaza. Ce groupement a été observé à la pointe des Salines, au village Aït Mendil et au Cap Sigli sur des substrats de type Quaternaire ancien et flysch du Nummulitique supérieur.

La syntaxonomie des groupements végétaux du PNG se résume comme suit :

CLASSE DES **QUERCO-FAGETEA** BRAUN-BLANQUET ET VLIEGER 1937

- Ordre des *Populetalia albae* BRAUN-BLANQUET 1931

    Groupement à *Populus albae*

CLASSE DES **QUERCETEA ILICIS** BRAUN-BLANQUET 1947

- Ordre des *Pistacio-Rhamnetalia alaterni* RIVAS MARTINEZ 1975

1- Alliance de l'*Oleo-Ceratonion* BRAUN-BLANQUET 1936

    * *Bupleuro fruticosi-Euphorbietum dendroidis* GEHU et *al.* 1992

    Sous-association *typicum* (sous-ass. type)

    Sous-association *bupleuretosum plantaginei* (sous-ass. nouvelle)

    * Groupement à *Lavatera olbia et Rubus ulmifolius*

2 -Alliance de l'*Ericion arboreae* RIVAS MARTINEZ 1987

    * *Erico arboreae-Pinetum halepensis* BRAKCHI 1998

    Sous-association *ampelodesmetum mauritanicae* BRAKCHI 1998

3- Matorral élevé à *Pinus halepensis*

4- Matorral moyen à *Quercus coccifera* : *Lonicero-Quercetum cocciferae*

    Sous-association *cocciferetosum* NEGRE 1964

CLASSE DES **CRITHMO-LIMONIETEA** BRAUN-BLANQUET 1947

    * Groupement à *Asteriscus maritimus* : *Asteriscetum maritimi* NEGRE 1964

CLASSE DES **ASPLENIETEA RUPESTRIS** (H.M) BRAUN-BLANQUET, 1934.

    * « Association à *Pennisetum asperifolium* et *Pancratium foetidum* var. *saldense* » (PONS & QUEZEL, 1955)

    * « Association à *Bupleurum plantagineum* et *Hypochaeris saldensis* » (PONS & QUEZEL, 1955).

Chapitre 4.3 - Données socio-économiques et problèmes environnementaux majeurs de la partie terrestre du Parc National de Gouraya

4. 3.1 - Données socio-économiques

a - Cadre humain

Selon les enquêtes effectuées par les ingénieurs du Parc National de Gouraya, la population qui vit à l'intérieur où à la périphérie immédiate du parc est estimée à 1577 habitants reparties en 08 villages (Tableau 41).

Tableau 41 - Répartition de la population dans le Parc National de Gouraya

Villages	Nombre de familles	Nombre d'habitants	Superficies des terres (Ha)
ISSOUMAR	30	184	31
TAOURIRT	14	102	21,5
IAZOUGUEN	12	74	10
OUSSAMA	30	219	15
ADRAR –OUFARNOU	25	208	14
IGHIL – EL – BORDJ	42	324	67,5
DAR NACER	53	460	05
LOUBBER	02	06	02
TOTAUX	208	1577	166

b - Equipements socio-économiques

Le tableau ci-dessous, nous indique que les équipements existants aux niveaux des villages, demeurent limités, et ne répondent pas aux besoins vitaux des populations.

Tableau 42 - Equipements socio-économiques

Villages	Infrastructures existantes		
ISSOUMAR	Salle de soins	01 école primaire 01 maison de jeune	-
TAOURIRT	-	-	01 carrière ETR 01 station d'enrobés
IAZOUGUEN	-	-	01 carrière SNTP
OUSSAMA	Salle de soins	-	-
ADRAR- OUFARNOU	-	-	01 carrière ENOF
IGHIL EL BORDJ	Salle de soins	01 école primaire	-
DAR NACER	-	-	-
LOUBBER	-	-	-

ETR : Entreprise des travaux routiers; SNTP : Société Nationale des travaux publiques ;
ENOF : Entreprise Nationale des produits miniers non – ferreux et des substances utiles

c - Zonage du Parc National de Gouraya

Le zonage est l'un des plus importants outils de planification, d'aménagement et de gestion des parcs nationaux. Il existe cinq classes ou zones qui sont dans l'ordre d'importance décroissant :

- La zone intégrale de 78,6 ha (soit 3,77% de la totale du Parc) qui comprend des ressources à caractère unique qui méritent une attention particulière.

- La zone primitive ou sauvage de 246,2 ha (soit 11,83%) dont l'activité principale est orientée vers l'interprétation de la nature.

- La zone à faible croissance 355,4 ha (soit 17,08 %) qui constitue la zone de croissance entre les deux premières zones.

- La zone tampon 1237,1 ha (soit 59,47 %) qui sert à protéger la zone primitive et la zone à faible croissance.

- La zone périphérique 1257 ha (soit 61,08 %) qui est une classe à forte croissance où toutes les activités sont permises.

d - Voies d'accès au Parc National de Gouraya

On accède au Parc National de Gouraya par une route en lacets, praticable aux automobilistes (récemment revêtue), qui sort de l'agglomération de Béjaia à la porte de ravin et s'élève par des rampes souvent raides jusqu'au plateau des ruines.

C'est du plateau des ruines que part le sentier forestier qui conduit au Pic des singes. Ce sentier longe d'abord le jardin de l'ancien Hôpital et joint, après quelques lacets impressionnants, le sommet du Pic des singes.

- La route empierrée qui part de la R.W n° 136 passe au pied du Pic des singes, s'arrête à un tunnel.

- La route qui donne accès aux Aiguades (à partir de la R.W n°136), s'embranche à un parcours sur la route du Cap Carbon.

- Le sentier des touristes menant au phare du Cap Carbon à partir du tunnel.

- Un autre sentier contourne la falaise par la Pointe Noire.

- La route de Fort Gouraya qui est à aménager afin de sauvegarder leur caractère précieux de voies de promenade.

- La piste de Fort Lemercier à la route touristique de Gouraya.

- Route Nationale n°24 : un tronçon de 4 km constitue une des limites sud – ouest du parc ; ensuite cette route traverse le parc une distance de 10km en direction de Cap Sigli ; un autre tronçon de 1.2km constitue la limite Est.

- Dans la partie ouest du parc plusieurs sentiers relient la population à la Route Nationale

n° 24.

- La R.W n°34 longe le parc dans sa limite sud – ouest sur une distance de 2.5km, c'est - à –dire de Taourirt au croisement avec la RN n°24.

e - Sites historiques et pittoresques

Le Parc National de Gouraya renferme des sites historiques très intéressants tels que: Fort Gouraya, Fort Lemercier, Tour Doriac, Plateau des ruines, Fort Clauzel, Muraille Hammadite, Marabout de Sidi Touati et de Sidi Aissa, Cap Bouak, Ile des Pisans, L'anse des Aiguades et de Tamelaht, Bois sacré et bois des oliviers et Mausolée de Lalla Yemna.

Ainsi que des sites pittoresques : Pic des singes, Corniche du grand Phare, Crête du Djebel Gouraya, Cap Bouak , Pointe Noire, Pointe des Salines, Baie des Aiguades et Cap Carbon .

f - Occupation des sols

A l'intérieur du périmètre du Parc National de Gouraya, nous retrouvons trois formes de propriétés : le domanial, le collectif et le privé.

Le domanial est constitué de forêts ou de terres à vocation forestières (matorrals et autres). Le collectif ou arch ressemble au premier car frappé d'indivision. Le privé est sous formes de petits lopins de terres représentant les territoirs agricoles des différents

villages.

g - Agriculture

Les riverains exercent des activités agricoles de montagne, sous forme de cultures vivrières et traditionnelles. Ils pratiquent l'arboriculture de montagne (culture de l'olivier, de figuier, du caroubier…).

Le maraîchage se pratique sous forme de jardin pour subvenir aux besoins de chaque famille, cette pratique est présente dans la plupart des villages.

Les principaux élevages sont représentés par des bovins, des ovins et des caprins (Tableau 43). Par contre l'apiculture est en régression à cause des incendies répétés, de la décharge publique et des carrières.

Tableau 43- Répartition du cheptel et du rucher dans le Parc National de Gouraya

Villages	Bovin	Ovin	Caprin	Rucher
ISSOUMAR	10	70	30	40
TAOURIRT	08	60	15	30
IAZOUGUEN	05	50	10	20
OUSSAMA	08	40	12	15
ADRAR-OUFARNOU	03	30	10	20
IGHIL – EL – BORDJ	15	80	20	60
DAR NACER	12	90	30	30
TOTAUX	51 têtes	420 têtes	127 têtes	215 ruchers

4. 3.1 - Les problèmes environnementaux majeurs de la partie terrestre du Parc National de Gouraya

a - Sur-fréquentation

Le parc est situé juste en amont de la ville de Béjaia, il a un caractère urbain, très fréquenté quotidiennement de jour comme de nuit, surtout les week-ends par les locaux et les étrangers. Les sites les plus fréquenté sont : le plateau des ruines, la route de Gouraya, le fort de Gouraya, le Cap-Carbon, la pointe Noire, les Aiguades, le Cap Bouak, les 13 Martyrs (Fort Lemercier) et Boulimat (la plage particulièrement en été).

Cette affluence n'est pas sans conséquence sur l'aire protégée, car il en résulte des quantités importantes de déchets le long des routes RN 24 Boulimat, route des Aiguades, du Cap-Carbon, de Gouraya. Cet état de fait porte atteinte au paysage et constitue un danger réel pour la biodivertité (PNG, 2007).

b - Carrières et décharge

Les contraintes majeures ayant une influence directe sur la gestion de l'espace protégé, nous pouvons énumérer un certain nombre de catastrophes écologiques ayant affecté l'aire protégée bien avant son classement en parc national (PNG, 2007).

Nous présenterons en annexe les fiches techniques respectives de trois carrières d'agrégats, une station d'enrobés et une décharge sauvage de la commune de Béjaia (Annexe 3(4)).

c - Indus- occupants

Ce sont des constructions de cabanes dont certaines sont réalisées en dur, localisées entièrement dans le canton des Aiguades, occupant une superficiede 13ha.

Un recensement de ces indus-occupants a été fait en 1998 faisant état de la présence de 35 cabanons, ces derniers ont été traduits en justice par l'administration des forêts en 1998 (la circonscription des forêts étant chargée de mener les enquêtes, convoquer et traduire en justice les intéressés). En 2004, le recensement final a fait ressortir 43 constructions illicites (PNG, 2007).

d – Défrichements

Ce sont de petites parcelles allant de 25 à 2 400m² défrichées et utilisées comme jardins potagers le long de la zone périphérique.

Certains jardins présentent même des plantations fruitières (figuier, néflier, abricotier, pommiers, ...etc). Pour lutter contre ces défrichements, et après avoir fait un premier recensement en 1998, les personnes recensées ont été convoquées. La surface totale défrichée est d'environ 02ha.

Certains d'entre eux ont signés des engagements et ont quittés les lieux, les clôtures enlevées. Les restants ont été traduits en justice.

139

e - Impact sur les écosystèmes et sur les populations riveraines

Les effets néffastes sur la biodiversité du parc ont pour origine l'action d'extraction (bruit des détonations, dispersion des poussières et le détournement des eaux) qui entraîne le déséquilibre de l'écosystème en place. Celle-ci se manifeste concrètement par:

- La modification de la diversité de la flore et ce par la disparition de certaines espèces lors des travaux de découverture.

- Obstruction des stomates par le dépôt des poussières fines.

- Déplacement des populations faunistiques sédentaires induisant ainsi une rupture de la chaîne alimentaire et de fait un déséquilibre écologique.

- Perte des habitats d'alimentation et de nidification ou de reproduction.

- Les poussières en suspension inhalées par l'homme sont irritantes et fréquemment chargées de produits toxiques (sulfates, nitrates et métaux lourds) et pourront provoque des maladies respiratoires graves comme l'asthme.

- Les détonations ainsi que le passage répété des camions et engins de gros tonnage se traduisent par la fissuration des maisons situées en bordure des voies y conduisant.

- Pollution de l'atmosphère par dégagement de gaz hautement toxiques produits par les incinérations quotidiennes et la dégradation biologique des déchets rejetant une fumée toxique.

Une enquête réalisée dans le cadre d'un travail de fin d'études sur les villages limitrophes de la décharge publique. Les résultats de cette enquête sont résumés comme suit: 23 personnes atteintes d'un asthme, 29 personnes atteintes d'une bronchite chronique et 58 personnes atteintes d'une dyspnée.

- Augmentation des risques d'incendie en période estivale et risque de contamination des nappes phréatiques par infiltration (PNG, 2007).

Chapitre 4.4 - Développement durable

4.4.1 - Les principes du Développement durable

Le développement durable est un concept qui concilie le progrès économique, l'équité sociale et l'intégrité écologique de la planète. La Convention sur la diversité biologique, basée sur les principes du développement durable, a adopté en 2004 des lignes Directrices sur la diversité biologique et le développement du tourisme durable. Selon ces directives une gestion durable du tourisme et de la biodiversité contribue à la réduction de la pauvreté (PAPE, 2007).

Le discours sur le développement durable est omniprésent dans les débats publics. Le concept lui-même a été popularisé en 1988, lors de la publication du rapport de la Commission mondiale sur l'environnement et le développement. Notre avenir à tous, appelé aussi rapport Brundtland (CMED, 1988). Il fut alors défini comme « un développement qui répond aux besoins du présent sans compromettre la capacité des générations à venir de répondre aux leurs ». Il existe diverses interprétations du développement durable. Mais la conception tripolaire popularisée par l'Union mondiale pour la nature et explicitée notamment par Jacobs et Sadler correspond à la définition la plus couramment admise du développement durable (REVERET et GENDRON, 2000). Cette conception repose sur trois principes. Elle suppose un développement économiquement efficace, socialement équitable et écologiquement tolérable, tout en reposant sur une nouvelle forme de gouvernance, qui encourage la mobilisation et la participation de tous les acteurs de la société civile au processus de prise de décision.

Le rapport Brundtland a propagé le terme de développement durable et jeté les bases d'une multitude de travaux et de conférences, dont la plus importante est sans doute celle qui a eu lieu à Rio de Janeiro en juin

1992 sous le nom de Conférence des Nations Unies sur l'Environnement et le Développement (CNUED) ou Sommet de la Terre de Rio (VAILLANCOURT, 1995).

4.4.2 – Action 21 et le développement durable

L'idée à l'origine d'Action 21 était de proposer 21 actions importantes pour le 21e siècle dans le domaine de l'environnement et du développement. Finalement, ça a donné un plan d'action monumental de 800 pages, comprenant l'énumération des problèmes critiques majeurs auxquels nous avons à faire face comme communauté globale en forte croissance démographique sur une petite planète aux ressources limitées (UNCED, 1992). Les suggestions comprenaient la protection des divers environnements naturels et bâtis, la revitalisation du développement socio-économique, et la réalisation de la justice sociale et de l'équité. Action 21 examine les problèmes d'urbanisation galopante, de pauvreté grandissante, de famine endémique, de croissance démographique, d'analphabétisme, de santé, de détérioration des écosystèmes rendus de plus en plus fragiles par l'épuisement des ressources, de désertification, et divers types de pollution. Dans 40 chapitres regroupés en quatre sections, Action 21 identifie les enjeux et les défis des prochaines décennies et propose diverses solutions simples et pratiques pour réaliser le développement durable aux niveaux international, continentaux, nationaux, régionaux et locaux (VAILLANCOURT, 2002).

Le Programme des Nations unies pour l'environnement (PNUE) a créé une série de réseaux pour le développement durable, avec le concours de représentants d'une trentaine de pays et de territoires en voie de développement, pour faciliter l'échange d'information et d'idées concernant Action 21, pour aider à formuler plus librement des plans nationaux pour promouvoir le développement durable, et pour réduire la dépendance vis-à-vis les donateurs étrangers. Les diverses agences de l'ONU, à travers le Comité interinstitutionnel sur le développement durable (CIDD), qui a été mis en place pour faciliter la coordination entre les agences de l'ONU et pour éviter le dédoublement des efforts, et à travers le PNUE et la CDD, sont aussi en train de chercher des façons de réaliser de façon concrète les idées sur le développement durable comprises dans Action 21 (VAILLANCOURT, 2002).

Capacité 21 est une extension d'Action 21. Ce programme a été lancé à Rio en 1992 pour aider les pays en voie de développement à construire leur capacité d'intégrer les principes d'Action 21 dans la planification et le développement au plan national. C'est une initiative menée par le Programme des Nations unies pour le développement (PNUD), avec l'aide financière d'un fonds en fiducie alimenté par les pays partenaires de Capacité 21. Le financement est modeste, mais jusqu'ici plus de 50 pays ont bénéficié de ces programmes, et 20 autres ont pu profiter des services de conseillers surtout dans les domaines des ressources locales et du transfert des connaissances au niveau national. Un processus semblable est en train d'être mis en œuvre grâce à plus de 100 comités nationaux pour le développement durable qui ont été créés depuis 1992 (VAILLANCOURT, 2002).

4.4.3 – Etude d'un cas : Plan communal de développement de la nature

Pour faire face au défi de la protection de la biodiversité, les autorités régionales proposent aux communes de constituer des forums locaux, sur base volontaire, où autorités locales et associations étudient ensemble « leur » biodiversité (l'inventaire écologique est aidé par un expert); sur la base des projets identifiés ils élaborent ensuite un plan d'action sur lequel commune et habitants sont invités à s'engager. Le cas est celui d'une commune où l'industrie traditionnelle de la pierre est en déclin.

Les autorités locales cherchent une reconversion économique qui maintienne cette tradition de la pierre et cherchent donc une valorisation touristique des grottes et carrières. Les naturalistes (amateurs et experts) procèdent à l'inventaire des ressources et mettent à jour la présence de chauve-souris dans une cavité souterraine également convoitée par la commune qui veut la céder à une entreprise de loisirs sportifs. La situation devient conflictuelle et une expertise indépendante est demandée (MORMONT & *al.*, 2006).

L'expert international convoqué révèle qu'il s'agit d'une espèce de chauve-souris si rare qu'elle donne une dimension internationale à cette grotte. Ces connaissances inédites induisent un débat politique et juridique entre autorités locales et régionales, entre administrations du développement et de l'environnement, quant au statut à accorder à la grotte. La situation serait bloquée si le forum local ne permettait de nouer des contacts entre entrepreneurs locaux du tourisme, associations

et autorités locales. Naturalistes et entrepreneurs de loisir se mettent à coopérer. Cette négociation va conduire à une révision, au moins partielle, de la stratégie de développement et de l'identité même de la commune ; celle-ci voit maintenant une opportunité dans cette découverte écologique et veut en faire le point de départ d'un développement touristique axé sur la nature et l'interprétation du milieu. On débouche finalement sur une reconfiguration des relations entre les acteurs et du territoire dont l'identité est ainsi redéfinie (MORMONT & *al.*, 2006).

4.4.4 – Écotourisme durable

Les participants au premier Sommet mondial de l'écotourisme, qui s'est tenu à Québec en 2002, ont reconnu que l'écotourisme englobe les principes du tourisme durable en ce qui concerne les impacts de cette activité sur l'économie, la société et l'environnement et qu'en outre, il comprend les principes particuliers suivants qui le distinguent de la notion plus large de tourisme durable (Organisation mondiale du tourisme (OMT) et Programme des Nations Unies pour l'environnement (PNUE), 2002) : l'écotourisme contribue activement à la protection du patrimoine naturel et culturel; l'écotourisme inclut les communautés locales et indigènes dans sa planification, son développement et son exploitation et contribue à leur bien-être; l'écotourisme propose aux visiteurs une interprétation du patrimoine naturel et culturel; l'écotourisme se prête mieux à la pratique du voyage individuel ainsi qu'aux voyages organisés pour de petits groupes (TARDIF, 2003).

Trois dimensions constituent l'essence même du concept d'écotourisme : un tourisme axé sur la nature; une composante éducative; un besoin de durabilité (BLAMEY, 2001).

4.4.5 – Programme national de développement économique et valorisation des produits locaux

L'économie algérienne est marquée par une forte dépendance alimentaire. Le recours à l'importation des produits de première nécessité est indispensable pour satisfaire les besoins de sa population. La facture alimentaire constitue le second poste d'importations, après celui des biens d'équipements. La question de la satisfaction des besoins alimentaires de la population est donc stratégique. Avec 479 000 personnes supplémentaires à nourrir chaque année et une croissance relativement faible de la production agricole, se profile la crainte d'un décalage important entre les besoins et la production agricole. Sur fond d'une crise mondiale qui entraîne de sérieuses perturbations du cours du pétrole, ressource principale du pays, cette situation est au cœur des préoccupations de tous les acteurs en rapport avec l'agriculture, qu'ils soient décideurs, scientifiques ou producteurs (ANSEUR, 2009).

Ce secteur a connu plusieurs restructurations : réorganisation de la recherche, création

des exploitations agricoles individuelles et collectives, organisation de la production par

filière, mise en place d'un programme national de développement agricole PNDA... Ce dernier dont l'objectif principal est d'assurer la sécurité alimentaire du pays est porteur d'une dynamique nouvelle dans l'économie algérienne; sa mise en œuvre doit mobiliser des structures d'appui, dont celle d'un système d'information destiné à fédérer l'ensemble des composantes de ce secteur névralgique, et à créer de nouveaux rapports de travail : décloisonnement, gestion et partage des savoirs, travail collaboratif (ANSEUR, 2009).

En 2000, un Plan National de Développement Agricole (PNDA) a été mis en œuvre

transformé ensuite en Plan National de Développement Agricole Rural (PNDAR) et intégrant ainsi la notion de développement rural. Les objectifs initiaux du PNDA ont été élargit au monde rural à travers la prise en compte des rétablissements des équilibres écologiques et l'amélioration des conditions de vie des populations rurales. Ces mesures ont été suivies de l'élaboration de la Stratégie Nationale de Développement Rural Durable (SNDRD) qui devait encadrer et cerner toutes les problématiques du monde rural en favorisant un développement rural intégré, équilibré et durable des différents territoires ruraux: territoires dévitalisés, territoires ruraux profonds, territoires agricoles potentiellement compétitifs et territoires agricoles contigus des espaces urbains.

L'Algérie souffre cependant de certains handicaps difficiles à surmonter dus d'abord à son climat semi-aride à aride pour la majeure partie du territoire mais aussi à l'explosion démographique qu'elle a connue durant les années 70 (plus de 3 %) couplée à un exode rural massif ainsi qu'au grand déséquilibre de la répartition spatiale de la population (près de 90 % de la population sont concentrés sur 12 % du territoire). Ce même déséquilibre qui a obligé les pouvoirs publics à réfléchir à un nouveau Schéma National de l'Aménagement du Territoire à travers des ateliers régionaux dont le but était d'élaborer plusieurs Schémas Régionaux d'Aménagement du Territoire (MAP, 2008).

Depuis le début des années 2000, le secteur agricole a connu un retour en force des politiques publiques interventionnistes. Le Plan National de Développement Agricole et Rural (PNDAR), lancé en 2000, la Stratégie Nationale de Développement Rural (SNDR), lancée en 2003, la Politique de Renouveau Agricole et Rurale (PRAR), lancée en 2008, ont tous mis la sécurité alimentaire et la redynamisation des territoires ruraux comme principaux objectifs.

Dans toutes ces politiques, la modernisation des exploitations agricoles et l'intensification de leur système de production, et l'équipement des territoires ruraux et la valorisation et la préservation de leurs ressources naturelles et culturelles sont au cœur des programmes d'intervention.

Dans les premières politiques (PNDAR et SNDR), l'introduction du progrès technique et la promotion de l'innovation auprès des agriculteurs et des autres acteurs locaux font partie des objectifs opérationnels, mais aucun programme spécifique ne leur a été dédiés. Ainsi, les institutions de recherche et de développement, sous tutelle du MADR, ont été impliquées dans la conception et l'accompagnement de la mise en œuvre de ces politiques sans que leur contribution ne soit structurée à travers des programmes qui précisent leurs apports techniques et définit les moyens spécifiques pour cette opération. Souvent, l'ampleur des programmes de développement dépasse largement leurs capacités d'intervention et d'encadrement. Elles ont davantage joué un rôle dans la conception des contenus techniques de ces politiques que dans l'accompagnement de leur mise en œuvre sur le terrain (DAOUDI, 2012).

Le développement rural, dimension fondamentale du développement économique national, a occupé de ce fait une place privilégiée dans les priorités de coopération avec la FAO. La nouvelle approche de développement rural a privilégié l'intégration des actions et la participation des acteurs locaux dans les dynamiques de projet et le projet de proximité de développement rural (PPDR) devient ainsi outil principal des actions de développement rural.

Aujourd'hui, le Programme National de Développement Agricole et la Stratégie de

Développement Rural ont évolué pour aboutir en 2009 à ''La Politique du Renouveau de l'Economie Agricole et du Renouveau Rural'', qui constitue la réponse stratégique et opérationnelle que le pays apporte à la question lancinante de la sécurité alimentaire. Cette nouvelle politique exigeait une mobilisation large et efficiente de l'ensemble des acteurs du développement agricole et rural notamment, y compris des partenaires de la Coopération. Dans ce cadre précis, une requête formelle du Gouvernement algérien avait été adressée à la FAO pour accompagner le pays dans la mise en œuvre de cette stratégie.

Le projet de proximit de développement rural (PPDR) comme outil privilgié des actions de developpement rural.

Les PPDR ont été conçu comme des projets intégrés et multisectoriels, réalisés sur des territoires ruraux préalablement identifiés dans le but de permettre la stabilisation des communautés rurales.

Le PNDAR traduit la volonté de mettre en place une dynamique de développement local et décentralisé, avec implication des acteurs locaux : institutions publiques et administrations techniques, collectivités locales, organisations professionnelles, associations, groupements villageois, communautés locales (BESSAOUD, 2006).

Aujourd'hui, l'Algérie a enregistré des avancés remarquables dans différents domaines en dépit de la crise financière qui n'a épargné aucun pays et qui s'est vite transformée en une crise économique et sociale. Un montant de 286 milliards de dollars a été alloué au plan quinquennal 2010-2014 avec 1.500 milliards de Dinars à l'appui au développement de l'économie nationale, et notamment plus de 1.000 milliards de Dinars affectés au plan de développement agricole et rural.

L'amélioration de la sécurité alimentaire, passant par la diversification et la modernisation de l'agriculture, de même que par l'extension des surfaces agricoles et des surfaces irriguées, demeurent l'objectif principal des pouvoirs publics. Plus de 16 milliards de Dinars seront alloués à la Pêche pour, notamment, accompagner le développement de cette activité et la soutenir par de nouvelles infrastructures et le développement de l'aquaculture, et permettre à ce secteur de jouer pleinement le rôle qui lui revient dans la construction d'une sécurité alimentaire solide et durable. Par ailleurs, ce programme à moyen terme alloue une part significative de son montant (environ 40 %) à l'amélioration du développement humain (ANONYME, 2012).

Cette nouvelle vision du développement agricole et rural en Algérie est venue consacrer un nouveau modèle de financement de l'économie agricole et rurale. Cette vision est centrée sur le programme national de développement agricole et rural (PNDAR), un système d'aide publique orienté vers es exploitations agricoles et les ménages ruraux, dont le fonctionnement est régi par des mécanismes articulés à une matrice institutionnelle fort complexe impliquant des fonds de régulation, des organismes d'assurance, des organismes bancaires, des organisations professionnelles et des institutions de développement (HADIBI et *al.*, 2009).

Le FNRDA constitue un modèle de financement original, il n'obéit pas à un système de cultures prioritaire fixé par l'Etat pour l'accessibilité aux fonds, mais à des programmes fixés en fonction des potentialités propres à chaque zone. Pour chaque zone potentielle, il sera arrêté des vocations culturales et des programmes de financement pour accéder aux fonds. Chaque demande devra être conforme au programme retenu pour la zone potentielle. Le FNRDA constitue donc le principal moyen de mise en œuvre de la nouvelle politique du PNDA (HADIBI et *al.*, 2009).

Un bilan des activités soutenues par les pouvoirs publiques durant la période 2000-2005 a permis de relever l'effort consenti en ce domaine puisque sur un investissement total de près de 4 milliards d'euros, le FNRDA a participé pour 58 % au financement des activités agricoles pour un montant de 2,3 milliards euros (Tableau 44), soit une dotation de 270 euros par hectare de superficie agricole utile.

Tableau 44 - Bilan des opérations financées dans le cadre du PNDA (2000-2005).

Valeur	Investissement global	Soutiens FNRDA	Crédits CRMA	Autofinancement des exploitants
Autofinance-ment des exploitants	3 984 092 841	2 293 215 586	1 279 881 146	410 996 109
Structure (%)	100	58	32	10

Source : Synthèse du GREDAAL (groupe de recherches et d'études pour le développement durable), 2005.

Les objectifs sont l'amélioration du revenu des exploitants, la création de valeur ajoutée à la ferme, la valorisation de la main d'œuvre familiale, la création d'emplois et de services en agriculture, la stabilisation des populations en place et la diversification de l'offre de produits alimentaires. L'on cherchera à promouvoir chez les agriculteurs l'idée de valorisation de leurs produits à la ferme par diverses actions allant du lavage, de l'effeuillage, au calibrage, au conditionnement, à l'emballage ou à la transformation et à la présentation des produits transformés, voire à la conservation. Comme produits locaux susceptibles d'être couverts sont les figues sèches de Kabylie, la caroube de Béjaïa (ANONYME, 2006).

Le dernier en question est le projet financé par le Fond International pour le développement Agricole (FIDA, *International Fund for Agricultural Development, IFAD*). C'est une institution spécialisée du système des Nations unies. Il a été fondé en décembre 1977 dans le sillage de la Conférence mondiale de l'alimentation réunie à Rome en 1974. Son objectif général étant une contribution à l'allégement de la pauvreté rurale par la diversification et la croissance de manière durable des ressources naturelles.

Le FIDA se donne le mandat de favoriser les initiatives agricoles mises de l'avant par les agriculteurs des pays en développement. Il se donne aussi comme principal objectif « de mobiliser et de fournir à des conditions de faveur des ressources financières supplémentaires pour la croissance du milieu agricole des États membres en développement» Les capitaux sont débloqués pour financer les initiatives des agriculteurs en leur fournissant des prêts à petite échelle. Ces projets peuvent être de nature agraire, mais le développement des infrastructures d'élevage et de pêcherie (SEGUIN, 2013).

Chapitre 4.5– Conservation de la biodiversité

La biodiversité ou diversité biologique est un néologisme construit à partir des mots « biologie » et « diversité ». C'est la diversité du monde vivant, au sein de la nature. Elle englobe l'ensemble des plantes, des animaux, des micro-organismes et de leurs gènes ainsi que les paysages naturels. Ces derniers sont constitués d'une infinité d'écosystèmes de taille variable (de la flaque d'eau à la forêt). Chaque écosystème comprend les êtres vivants qui le peuplent, humains compris, ainsi que le milieu où ils vivent, dont ils dépendent (sol, relief, climat, etc.) et sur lequel ils exercent en retour une influence. La biodiversité est souvent représentée par la diversité des espèces peuplant un espace donné. Celle-ci reflète l'état de santé de l'écosystème. Les relations entre les êtres vivants sont multiples. Elles s'expriment par des formes de symbiose, de compétition, de prédation, de parasitisme, etc. qui permettent aux espèces de subvenir à leurs besoins alimentaires et de reproduction et donc de rester en vie (MASSON, 2008).

Protéger la nature, c'est d'abord la soustraire à l'influence humaine. Cette idée, encore aujourd'hui largement véhiculée, a été remise en question par les progrès de l'écologie au cours des dernières décennies soulignant l'importance des perturbations dans le maintien de la biodiversité. D'où une inflexion de la problématique qui, au-delà de l'analyse purement naturaliste, s'ouvre aux perspectives qu'offrent les sciences sociales, et la géographie notamment qui considère la biodiversité dans son contexte territorial, prenant ainsi en compte acteurs, usages et enjeux sociaux.

Une évolution dont témoigne l'émergence du discours sur le développement durable – même s'il cache encore chez certains une volonté de mise en réserve de la nature (VEYRET et SIMON, 2006).

La question de la biodiversité qui, à elle seule, justifie largement l'émergence en 1992, du développement durable sous la pression des mouvements de protection de la nature, renvoie aux définitions mêmes de celle-ci et à la place qu'occupent en son sein l'homme et les sociétés. La biodiversité est bien un marqueur des actions anthropiques sur les milieux. Ce marqueur doit être envisagé non seulement sous l'angle de la dégradation mais, de manière plus riche, sous celui des interfaces nature/société dans un contexte territorialisé intégrant la double temporalité de la nature et des sociétés (VEYRET et SIMON, 2006).

La convention sur la diversité biologique (CDB) a été ouverte à la signature des gouvernements lors de la Conférence des Nations Unies sur l'environnement et le développement à Rio, en juin de la même année. Au cours de la Conférence, 150 États l'ont signé (à l'exception notable des États-Unis). Les gouvernements ont ainsi reconnu que la gestion durable des ressources vivantes de la planète est l'une des questions les plus urgentes de notre temps et ont exprimé leur engagement à l'aborder collectivement (LE DANFF, 2002).

La CDB est une convention remarquable par sa portée, sa complexité et sa capacité potentielle à redéfinir la distribution des droits et des obligations des États. Elle est le premier traité global couvrant la diversité biologique sous toutes ses formes depuis les
gènes et les espèces jusqu'aux écosystèmes. Elle reconnaît la nécessité d'une approche multisectorielle pour garantir la conservation et l'utilisation durable de la diversité biologique, l'importance du partage de l'information et des technologies et les avantages qui peuvent découler de l'utilisation de ces ressources(LE DANFF, 2002).

Par la ratification de la convention sur la diversité biologique en 1995, l'Algérie s'est pleinement engagée en faveur de la conservation des ressources biologiques et de leur utilisation durable. L'immensité du territoire et l'importance qualitative et quantitative de ses ressources imposent à l'Algérie des règles de conduite draconiennes.

Lancé au mois d'octobre 1997 et clôturé le 13 avril 2004, le projet ALG 97/G31, relatif à l'élaboration de la stratégie nationale et du plan d'action national de la diversité biologique a bénéficié d'un apport financier de 350.000 USD. Ce projet vient en application des engagements à l'égard de la convention sur la diversité biologique, ratifiée en 1995. Il fait suite à une requête de l'Algérie auprès du fonds mondial FEM. Le projet a consisté en l'élaboration de la stratégie nationale et du plan d'action national de conservation durable de la diversité biologique.

Le projet qui a réuni un panel important et diversifié de consultants et d'experts venant de divers horizons (Universités, centres et instituts de recherches et de développement, grandes écoles, personnes ressources) a permis la production de pas moins de 60 rapports, un mémento de la diversité biologique (21 Tomes), de cartes thématiques et de divers supports de communication.

Outre qu'il a permis à l'Algérie d'honorer ses engagements internationaux, le projet a été à l'origine de la capitalisation d'une expérience de travail transdisciplinaire et de l'ouverture de perspectives intéressantes quant à la mobilisation du potentiel scientifique algérien dans le cadre d'une approche intégrée créatrice de synergies fécondes autour de la lancinante problématique de la biodiversité.

La biodiversité algérienne (naturelle et agricole) compte environ 16000 espèces, mais l'économie algérienne en utilise seulement moins de 1% du total. (MEDIOUNI, 2000 in MOULAI, 2008).

4.5.1 – Zones importantes pour les plantes (ZIP)

Lors de leur sixième réunion, tenue à La Haye, aux Pays-Bas du 7 au 19 Avril 2002, la Conférence des Parties (COP) à la Convention sur la diversité biologique (CDB) a adopté la Stratégie mondiale pour la conservation des plantes. Cela comprend seize objectifs axés sur les résultats à atteindre par toutes les Parties de la CDB en 2010.

Pour la première fois les objectifs de la CDB pour la conservation biodiversité peuvent être mesurés par rapport aux objectifs, et les progrès accomplis dans leur réalisation peuvent être évaluée.

Le Centre de Coopération pour la Méditerranée et Plantlife International a organisé un atelier de deux jours à Malaga le 26 Juin et le 27 en 2003. Ces deux organisations travaillent en partenariat avec Plantlife International, l'UICN Commission de survie des espèces et Planta Europa pour développer le programme des Zones importantes pour les plantes de la région méditerranéenne (PLANTLIFE & IUCN, 2003).

IPAs (Important Plant Areas) sont des zones de grande importance botanique pour les espèces, les habitats menacés et la diversité des végétaux en général, qui peuvent être identifiés, protégés et gérés comme des sites spécifiques.

Les Centres de projet de la diversité des plantes WWF / UICN (1994) ont identifié les grandes régions d'importance botanique, dont la Méditerranée est l'une de ces régions. Cependant, le programme IPA vise à développer cette approche pour identifier les zones qui sont appropriés pour une conservation.

IPAs sont identifiées au moyen de trois grands critères qui peuvent être appliqués au niveau mondial (PLANTLIFE & IUCN, 2003):

> **A** – *The site holds significant populations of species of global or regional concern (presence of threatened species)*
> **B** – *The site has exceptionally rich flora in a regional context in relation to its biogeographic zone (species richness)*
> **C** – *The site is an outstanding example of a habitat type of global or regional importance (presence of threatened habitats)*
> *Sites can qualify if they satisfy one, two or all three criteria*

Les Zones importantes pour les plantes (ZIP) sont les sites les plus importants dans le monde pour leur diversité en plantes sauvages; elles sont identifiées dans chaque pays sur la base de critères normalisés. Destinées au départ à remédier au manque d'intérêt pour la conservation de la diversité

155

végétale, les ZIP fournissent désormais un cadre permettant d'évaluer l'efficacité des activités de conservation de la flore et de cibler des sites en vue d'actions de conservation ultérieures. En outre, les ZIP servent d'appui aux programmes de conservation existants, tels que les réseaux d'aires protégées et la Stratégie mondiale pour la conservation des plantes de la CDB (Convention sur la diversité biologique) (RADFORD & al., 2011).

La Méditerranée est un haut lieu incontesté de la biodiversité mondiale, en raison de la diversité et de la richesse de sa flore. 75 % des ZIP abritent des espèces endémiques locales présentes dans un seul pays, et 60 % d'entre elles contiennent des espèces ayant une aire de répartition très limitée. Des sites très riches en espèces endémiques contenant plus de 20 espèces à aire de répartition très limitée ont été répertoriés en Algérie, au Maroc, au Liban, en Syrie et en Libye. Le surpâturage constitue la menace la plus importante à laquelle les ZIP sont exposées (RADFORD & al., 2011).

Le niveau de protection officiel pour les ZIP varie, d'un pays à l'autre. Bien que la protection officielle des sites puisse constituer une mesure de conservation efficace, la mise en œuvre concrète de plans de gestion dans le respect de la biodiversité s'avère être une mesure plus appropriée. Or, à ce jour, peu d'indications ont été fournies quant à la mise en oeuvre de plans de gestion pour les ZIP de la région (RADFORD & al., 2011).

Les Zones importantes pour les plantes ont pour objectif de renseigner et d'influencer les programmes existants ainsi que la législation en vigueur, sans entrer en concurrence avec eux (ZIP n'est pas une appellation juridique). En effet, les ZIP peuvent conférer une valeur ajoutée aux programmes existants en comblant les lacunes d'information relatives à la flore pour les sites naturels auxquels une attention prioritaire est accordée (RADFORD & al., 2011). Le niveau de protection réglementaire des ZIP identifiées varie d'un pays à l'autre de 0 à 80 %. La protection peut se traduire sous forme d'aires protégées, telles que des parcs nationaux, des sites Ramsar (zones humides d'importance internationale) ou des monuments naturels. En Albanie, plus de 80 % des ZIP sont protégées ou reconnues, d'une manière ou d'une autre, comme des sites importants pour la nature. De nombreuses ZIP au Maroc, en Tunisie et en Algérie sont également des parcs nationaux. Dans les pays du Proche-Orient, la situation est moins claire et la protection officielle des ZIP n'est pas aussi intégrée.

En Algérie, les ZIP ont été sélectionnées au sein des principales zones de végétation, à différentes altitudes, en partant du niveau de la mer jusqu'à 2300 mètres (RADFORD & al., 2011).

Les ZIP algériennes couvrent tous les étages de végétation et sont souvent caractérisées par une grande amplitude altitudinale, à l'instar du Massif des Aurès (100-2300 m) ou du Djurdjura (600 – 2300 m). Plusieurs ZIP côtières (El Kala 1, Péninsule de l'Edough, Parcs Nationaux de Taza et de Gouraya, Sahel d'Oran, Mont Chenoua, Cap Ténès, Monts Trara et Iles Habibas) ont une grande diversité floristique et sont riches en endémiques, souvent très localisées (sténoendémiques). Les milieux forestiers sont bien représentés, avec notamment des cédraies (Parcs Nationaux du Belezma, du Djurdjura, de Theniet El Had, et de Chréa, Monts des Babor, Massif des Aurès) ou des chênaies (*Quercus canariensis, Q. suber, Q. ilex*). Plusieurs ZIP sont riches en milieux humides (El Kala 1 & 2, Péninsule de l'Edough, Plaine de Guerbes/Senhadja, Djebel Ouahch, Parcs nationaux de Taza et de Chréa). Dans un premier temps, 21 ZIP ont été définies pour l'Algérie (Tableau 45) du Nord (YAHI & BENHOUHOU, 2010; YAHI et al., 2012):

- Nombre de ZIP: 21,
- Nombre de ZIP contenant des endémiques nationales: 20,
- Nombre de ZIP contenant des endémiques à aire restreinte: 21,
- Nombre de ZIP contenant plus de 20 endémiques nationales ou à aire restreinte: 4.

Tableau   45 - Différentes ZIPs d'Algérie (YAHI et *al.*, 2012)

01	El Kala 1	12	Theniet El Had
02	El Kala 2	13	Chréa National Park
03	Edough Peninsula	14	Sahel d'Oran
04	Guerbes	15	Mount Chenoua
05	Djebel Ouahch	16	Ghar Rouban
06	Belezma National Park	17	Cape Ténès
07	Babor Mountains	18	Traras Mountains
08	Taza National Park	19	Habibas Islands
09	Gouraya National Park	20	Aures-Chelia
10	Akfadou Forest	21	Mount Zaccar
11	Massif Djurdjura National Park		

Les principales menaces pesant sur les ZIP algériennes sont les incendies et le surpâturage, entraînant la disparition directe d'espèces ainsi que l'érosion des sols superficiels, rendant difficile la reconstitution du couvert végétal. Certains sites sont également victimes d'une sur-fréquentation ou de l'exploitation de carrières. La pollution par des effluents domestiques est une menace pour de nombreux milieux humides alors que certaines ZIP sont victimes de la déforestation. L'insécurité qui a régné pendant plusieurs décennies sur une partie de l'Algérie a souvent empêché la mise

en œuvre de mesures de gestion ou de conservation ainsi que l'acquisition de données sur le terrain.

Le Comité ZIP algérien a identifié les ZIP suivantes comme étant prioritaires pour des actions de conservation : El Kala 1, El Kala 2, Parc National du Djurdjura, Monts des Babor, Parc National de Gouraya (YAHI & BENHOUHOU, 2010 ; YAHI et *al.*, 2012).

Chapitre 4.6 - Proposition d'un plan du developpement durable

4.6.1- Plantes d'intérêt économique

La connaissance de la diversité des espèces d'intérêt économique de la zone d'étude nous permet de proposer des solutions de conservation et de valorisation de ces ressources dans le cadre du développement durable.

Un nombre important d'espèces spontanées d'Algérie ont une valeur potentielle au regard de développement économique. La mise en place de procédés de cultures, de ces espèces, à la place de la cueillette anarchique, peut améliorer le revenu des populations locales tout en garantissant la conservation de la diversité floristique. La culture de ces plantes d'intérêt économique et en particuliers médicinales, aromatiques et alimentaires et leur commercialisation, augmentera indéniablement le revenu des populations limitrophes à la zone d'étude.

L'analyse de la flore de la zone d'étude et en utilisant les différents ouvrages et articles scientifiques qui traitent le domaine de la valorisation des plantes d'intérêt économique (DJELLOULI, 1990 ; CHEMLI, 1996 ; BELLAKHDAR, 1997 ; BABA AÏSSA, 1999 ; VALNET , 2001 ; BAMMI & DOUIRA, 2002 ; OUALI, 2004 ; BELOUED, 2005 ; YOUNOS et al., 2005 ; BREMNESS, 2005 ; CHEICK TRAORE, 2006 ; AÏT YOUSSEF, 2006 ; GHARZOULI, 2007 ; HSEINI & KAHOUADJI, 2007 ; KAABECHE, 2007; DERRIDJ et al., 2009 ; BOULAACHEB, 2009 ; ALLANE & BENAMARA, 2010 ; GOETZ, 2010 ; OULED DHAOU et al., 2010 ; MEDDOUR et al., 2011; REBBAS et al., 2012 ; NEFFAR ET BENABDERAHMANE, 2013; BOUNAR et al., 2013, REBBAS & BOUNAR, 2014) nous ont permet de dresser une liste de 211 espèces d'intérêt économique : 198 plantes médicinales, 72 plantes alimentaires, 43 plantes mellifères, 27 plantes indusrielles et 65 plantes de *Fabaceae* (annexes $4_{(1)}$ et $4_{(2)}$).

Comme dans la plupart des régions algériennes, les habitants limitrophes du PNG et des sites remarquebles environnants emploient certaines de ces espèces en médecine traditionnelle et sont commercialisées par des herboristes (*Arbutus unedo* L., *Asphodelus microcarpus* Salzm. & Viv., Asparagus *officinalis* L., *Clematis flammula* L., *Ceterach officinarum* Lamk*, Ceratonia siliqua* L*., Eucalyptus globulus* Labill, *Globularia alypum* L*., Juniperus phoenicea* L*., Mentha pulegium* L*., Mentha spicata* L*., Mentha rotundifolia* L*., Myrtus communis* L*., Opuntia ficus indica* (L.) Mill*., Paronychea argentea* (Pourr.) Lamk, *Pistacia lentiscus* L*., Punica granatum* L*., Quercus suber* L*., Ruta chalepensis* L*., Teucrium polium* L*., Thapsia garganica* L., *Ulmus campestris* L…).

En Algérie, de nombreuses plantes ont fait l'objet d'analyses phytochimiques, la majorité, figurent dans la liste floristique de la zone d'étude comme : *Artemisia arborescens* L., *Buplereum plantagineum* Desf., *Cynodon dactylon* L., *Inula crithmoides* L., *Olea europaea* L., *Pistacia atlantica* Desf. (introduite dans le PNG), *Pistacia lentiscus* L., *Salvia verbenaca* L., *Teucrium polium* L. (SEGHNI et *al.*, 2000; GUERROUM et *al.*, 2006 ; MADJID & BENMERZOUG, 2006 ; BENAYACHE, 2007 ; HACHICHA et *al.*, 2009; LAOUER et *al.*, 2009; ABDERRAHIM et *al.*, 2010).

Dans le contexte que les besoins de l'industrie pharmaceutique en plantes médicinales sont multipliés. En l'absence de culture de nombreuse plantes sont menacées de disparition. Dans ce cadre nous proposons la culture des plantes de cette région qui ont fait l'objet des travaux scientifiques concluants et qui sont utilisées en thérapeutiques humaine dans de nombreux pays (CHEMLI, 1996).

En Algérie, beaucoup de plantes médicinales deviennent de plus au plus rares, certaines autres sont menacées d'extinction. Les raisons sont multiples, des mesures d'urgences doivent être prises en vue de pallier à cette dégradation et préserver ce qui reste de notre patrimoine phytogénétique. Donc il faudrait :

- Créer des aires naturelles de protection au niveau de toutes les zones potentielles après inventaire de la flore de toute la région.

- Renforcer la garde forestière en vue d'éviter les incendies, les parcours et le ramassage anarchique des plantes médicinales.

- Créer des collections actives de plantes médicinales locales au niveau des instituts et fermes pilotes.

- Spécialiser certaines exploitations agricoles collectives et individuelles dans la produc-tion de plantes médicinales d'origine locale.

- Créer une banque de gènes pour conserver ces plantes d'intérêt économique.

- Créer des associations en vue de la protection de ces plantes.

Définir les stratégies de préservation de ces ressources en les collectant et en les domestiquant dans les jardins botaniques afin de limiter leur érosion génétique. La conservation sous forme de graines, la protection in situ, l'utilisation de ces ressources dans les programmes de recherche développement et création des variétés sont d'une grande importance pour les banques de gène.

4.6.2- Développement de l'écotourisme

Le tourisme au sein d'aires protégées est de plus en plus utilisé comme moyen économique pour la conservation et le développement de ces régions ainsi que comme mécanisme de compensation des coûts encourus par les restrictions d'exploitation. Il est souvent mis en avant comme un apport de valeur économique aux aires protégées et favorisant l'appui des communautés environnantes pour la sauvegarde et la protection de la biodiversité (GOODWIN et al, 1998).

Le tourisme peut stimuler l'activité économique, augmenter le revenu d'échanges internationaux, procurer des perspectives d'emploi et améliorer la sensibilisation aux objectifs de conservation par une éducation écologique.

L'éco-tourisme est une tranche de tourisme de la nature et de la faune qui comprend l'idée de voyage responsable, en maintenant l'intégrité d'un écosystème tout en minimisant les effets négatifs sur l'environnement et produisant des occasions favorables économiques qui rendent la préservation des sites attrayante pour les populations locales (PEDERSEN, 2002).

a - Formation du personnel et évaluation du tourisme dans la zone d'étude

La qualité des guides, les explications, l'accueil et les compétences linguistiques des guides et autres personnels de contact ont besoins d'être améliorés, de préférence par des programmes de formation et de certification reconnus à travers le pays. La qualité des guides est critique pour faire du PNG et ses environs une destination de tourisme compétitive et les compétences actuelles des guides doivent être radicalement améliorées à travers un programme de formation. Les éco-guides actuels doivent recevoir une formation en histoire naturelle, en connaissances d'interprétation et en gestion des visites. Ils ont aussi besoin de formation spécifique, en particulier en faune et flore.

Les guides offrent la meilleure opportunité d'éduquer et d'informer les visiteurs sur l'histoire naturelle et culturelle et sur la ligne d'action de gestion et les objectifs pour la conservation de la faune te de la flore, jouant un rôle important pour réduire les impacts des visiteurs. L'autorisation de travailler dans les Parcs à travers un programme de formation et de certification assurerait une qualité et un service des guides de haut standing et garantirait aux autorités de PNG et ses environs un certain contrôle sur les critères d'usage et les guides.

Il est impératif de répondre aux besoins des visiteurs en assurant un tourisme viable et de longue durée. Les touristes exigent de plus en plus des activités de récréation et des services qui les soutiennent de haute qualité, s'attendant à ce que les guides aient de bonnes connaissances et aient une bonne facilité de communication (EAGLES et *al*, 2002). Le responsable de gestion du tourisme doit contrôler leur capacité et leur service afin d'assurer la satisfaction des visiteurs et que leurs espérances soient atteintes. Il faut que les visiteurs aient la possibilité de pouvoir donner leurs réactions sur la qualité et les services. Les réactions et les commentaires sont cruciaux pour permettre d'avoir une idée sur la façon dont les visiteurs perçoivent leur expérience et peuvent souligner les points ayant besoin d'être améliorés dans les services et les facilités. Ceci pourrait aussi être utile pour les décisions de gestion afin d'améliorer l'expérience des visiteurs.

b - Élément de gestion du tourisme dans le PNG et ses environs

Un élément de gestion du tourisme qui travaillerait sous la direction de la gérance du Parc avec l'assistance technique d'Organisations Non-Gouvernementales (ONGs) et de professionnels du tourisme devrait être établi. Il serait responsable de délivrer les permis du Parc et de rassembler les données nécessaires sur les visiteurs, leur nombre et le nombre de permis vendus chaque mois, le profil des visiteurs. Une information plus ample devrait être relevée périodiquement en utilisant un questionnaire bien structuré, ou des méthodes d'interviews, pour établir les buts des visites, la satisfaction des visiteurs, les habitudes d'usage et les attitudes des visiteurs ainsi que les autres endroits qu'ils ont visités dans la région. Cette équipe devrait s'assurer que les visiteurs aient la possibilité de donner leurs réactions et leurs commentaires sur le produit touristique, ces données pourraient être utilisées pour contrôler et évaluer la qualité du service et la satisfaction des visiteurs (CHAO N., 2005).

L'équipe de gestion du tourisme devrait aussi être responsable de la coordination des activités touristiques dans le Parc et agir comme moyen de communication entre les opérateurs privés, les visiteurs et la direction du Parc. Ils devraient établir un programme de contrôle pour déterminer les impacts du tourisme dont les résultats guideraient le protocole et la gestion des visiteurs. Ils devraient s'intégrer et donner leur soutien aux initiatives des communautés pour le tourisme et travailler dans les villages pour déterminer les attitudes et les espérances des communautés par rapport au tourisme. Ils devraient aussi être responsables de gérer les fonds de tourisme obtenus des revenus touristiques et ceux-ci devraient être réinvestis dans le développement du tourisme et la gestion du Parc.

L'équipe de gestion du tourisme a besoin de travailler avec les opérateurs privés impliqués dans le tourisme du Parc afin d'assurer qu'ils suivent les règles et les procédures de l'environnement ainsi que leurs accords de concession. Ils devraient aussi aider à la coordination et à la production du matériel de tourisme pour le Parc.

Les pouvoirs publics, représentés en premier chef par la direction des forêts, ont vu dans l'écotourisme une voie alternative pour proposer aux populations un dévelo-ppement plus en harmonie avec le milieu naturel. Dès lors, des collaborations ont été établies avec des ONG pour mettre en capacité les populations à saisir les nouvelles opportunités offertes par un tourisme de nature et de découverte culturelle (HARIF et al., 2008).

La gestion durable d'un site écotouristique exige que l'on s'appuie sur l'implication de la population locale à la périphérie de ce site. C'est elle qui doit bénéficier des retombées financières et matérielles générées par les différentes activités du site. Cette gestion est suivie de mesure d'accompagnement pour susciter l'intérêt des communautés et l'adhésion de la population locale au projet de protection de l'environnement.

L'enjeu social d'un réel développement durable de la région est de construire des solutions négociées avec les populations pour mettre en valeur leur territoire, d'offrir des emplois aux autochtones qui s'appuient sur leur savoir-faire dans le but d'améliorer leur niveau de vie et de reconnaître leur culture :

- Réaliser des guides touristiques;
- Développer des circuits d'écotourismes et former des jeunes guides autochtones dans le domaine d'écologie et la préservation de la nature;
- Encourager la culture des variétés de figuier et de l'olivier de la région;
- Développer la culture de câpriers et de caroubiers dans la région;
- Elaborer des coopératives au service de la femme rurale;
- Créer des projets de coopératives apicoles, des petits élevages et l'arboriculture sous condition qu'ils respectent le cahier des charges du parc.

4.6.3 - L'éducation environnementale

L'éducation a toujours été intimement liée au concept d'environnement. L'Organisation des Nations Unies pour l'Éducation, la Science et la Culture (1980) souligne que le concept d'éducation relative à l'environnement est inhérent au concept d'environnement lui-même et à la façon dont celui-ci est perçu. Dès le début de l'humanité, l'homme entretenait une étroite relation avec son environnement naturel afin d'assurer sa propre survie. Les êtres humains faisaient l'expérience du milieu naturel dans leur vie quotidienne. Les liens que l'homme entretenait avec la nature s'acquéraient notamment par apprentissage vicariant, qui implique que l'on apprend par observation et imitation des autres (BOURASSA et al., 1999). Avec l'avènement de l'industrialisation, de la hausse d'urbanisation et du capitalisme, un détachement de l'homme vis-à-vis la nature s'est produit, notamment par la perte de contact avec les milieux naturels. Ainsi, puisque le lien avec l'environnement naturel ne font plus systématiquement partie de la vie quotidienne et des apprentissages des individus, il est devenu essentiel que l'amélioration de la relation entre l'homme et l'environnement fasse partie des programmes éducatifs (NANTAIS, 2009).

Il est très important d'éduquer et de sensibiliser le public au respect de son environnement et de son cadre de vie, qui ont pour but un changement de mentalités, de comportements et de pratiques, auquel les pouvoirs publics, la société civile et les médias, doivent travailler ensemble.

Trois points essentiels à développer dans l'avenir:

• Développer la prise de conscience de chacun pour conserver un environnement et une nature de qualité, où chacun devient responsable de son action sur l'environnement.

• Orienter en priorité les activités en faveur des jeunes, enfants ou adolescents, par des moyens et une pédagogie adaptés, dans un esprit de formation des générations futures et de transmission des connaissances.

• S'adresser à un public plus large et plus particulièrement de jeunes et d'adultes handicapés moteur ou mental, afin de leurs permettre à eux aussi la découverte de la nature et la pratique d'activités adaptées proches du milieu naturel côtier.

CONCLUSION GÉNÉRALE

Au niveau de l'est algérien, VÉLA & BENHOUHOU (2007) ont défini un point chaud de biodiversité végétale nommé « Kabylies-Numidie-Kroumirie ». Ce point chaud devrait bénéficier d'une étude plus poussée en raison de sa biodiversité exceptionnelle et vulnérable.

L'étude phytosociologique des milieux rupestres maritimes et humides du golfe de Béjaia a mis en évidence, à l'aide d'une matrice de 147 relevés et 183 espèces par les méthodes d'analyse multivariée (AFC et CAH) 13 groupements végétaux, dont 6 décrits nouvellement, appartenant à quatre classes phytosociologiques : *Adiantetea capilli-veneris* Br.-Bl. in Br.-Bl., Roussine & Nègre 1952; *Asplenietea rupestris* (H. Meier) Braun-Blanquet 1934 ; *Crithmo-Limonietea* Br.-Bl.1947 in Br.-Bl., Roussine & Nègre 1952 et *Chenopodietea* Br.-Bl. 1952 em. 1964.

Nous avons inventorié 529 espèces appartenant à 300 genres et 89 familles botaniques dans le Parc National de Gouraya et ses environs (Rochers maritimes, milieux humides et sources du golfe de Béjaia). Cette flore renferme 29 taxons endémiques (*s.l.*) (6 endémiques du K2, 7 endémiques de l'Algérie, 10 endémiques de l'Afrique du Nord, 5 endémique algéro-tunisienne et une endémique algéro-marocaine) et 59 espèces rares (*s.l.*) dont 19 espèces assez rares, 23 espèces rares et 17 espèces très rares.

La présence d'espèces végétales rares, endémiques et protégées par la loi algérienne mériterait une plus grande attention et devrait faire l'objet d'études spécifiques. La spécificité d'habitat, l'originalité taxinomique et la persistance temporelle des espèces constituent aussi des critères utiles dans la définition de la rareté (QUÉZEL & MÉDAIL, 2003). Certains des taxons rares et/ou endémiques bénéficient d'une protection en Algérie (décret exécutif n°12-03 du 4 janvier 2012 fixant la liste des espèces végétales non cultivées protégées en Algérie) comme *Allium trichocnemis* J. Gay, *Euphorbia*

167

dendroides L., *Bupleurum plantagineum* Desf., *Limonium gougetianum* (de Girard) Kuntze., *Orchis patens* Desf., *Orchis simia* Lamk. Les endémiques strictes au PNG que sont., *Bupleurum plantagineum* Desf., *Hypochoeris saldensis* Batt. et *Silene sessionis* Batt., figurent de surcroît dans la liste rouge 1997 de l'UICN (WALTER & GILLET, 1998).

Ainsi nous avons proposé une liste de 23 espèces à intérêt patrimonial pour lesquelles le Parc National de Gouraya et la direction des forêts de Béjaïa et de Jijel possèdent une responsabilité de conservation particulière : *Allium commutatum* Guss., *Erysimum cheiri* (L.) Crantz subsp. *inexpectans* Véla, Ouarmim & Dubset, *Lithodora rosmarinifolium* Ten., *Cakile aegyptiaca* Maire et Weiller, *Hypochoeris saldensis* Batt., *Sedum multiceps* Coss et Dur., *Rumex scutatus* L., *Stachys maritima* L., *Fritillaria messanensis* Raf., *Coriaria myrtifolia* L., *Asplenium petrarchae* (Guerin)DC., *Matthiola incana* (L.) R.Br., *Daucus reboudii* Coss., *Campanula alata* Desf., *Limonium minutum* (L.) Kuntze, *Lotus drepanocarpus* Dur., *Silene sedoides* Poiret, *Rupicapnos numidicus* (Coss. et Dur.) Pomel, *Santolina rosmarinifolia* L., *Christella dentata* (Forskal) Brownsey & Jermy, *Pteris vittata* L., *Pteris cretica* L. et *Viola sylvestris* subsp. *riviniana* (Rchb.) Tour.

La phytodiversité du Parc National de Gouraya est composée de 470 espèces appartenant à 298 genres et 87 familles botaniques. Cette richesse floristique renferme 25 taxons endémiques (*s.l.*) dont 6 espèces sont des endémiques du K2, 6 endémiques de l'Algérie, 10 endémiques de l'Afrique du Nord, deux endémique algéro-tunisienne et une autre endémique algéro-marocaine et aussi sa flore est composée de 47 espèces rares (*s.l.*) dont 16 espèces assez rares, 19 espèces rares et 12 espèces très rares.

Le Parc National de Gouraya abrite 50 lichens appartenant à 14 familles avec la dominance de la famille des Lécanoracées (11 espèces) suivies par la famille des Caloplacacées et Collémacées avec respectivement 9 et 6 espèces. Parmi les lichens recensés, six sont protégés en Algérie : *Cladonia fimbriata* (L.) Fr., *Cladonia rangiformis* Hoffm., *Cladonia foliacea* (Huds.) Willd., *Physcia adscendens* (Fr.) Oliv., *Physcia leptalea* (Ach.) DC., *Ramalina farinacea* (L.) Ach.

Ces lichens ont été utilisés comme indicateurs biologiques de la pollution globale de quelques stations du Parc National de Gouraya, qui se résument par un constat établi par observation et description de quelques espèces lichéniques.

Selon la liste rouge de WIRTH (1984), celle de TÜRK et WITTMANN (1986), les travaux de ROUX et *al.* (1989), de CLERC et *al.* (1992) et de WOODS (2010) nous retrouvons les lichens suivants dans le PNG et qui méritent d'être ajoutés dans la liste des lichens protégés en Algérie : *Collema flaccidum* (Ach.) Ach., *Teloschistes chrysophtalmus* (L.) Th. Fr., *Roccella phycopsis* Ach. et *Ramalina polymorpha* (Ach.) Ach.

Cet inventaire est un apport à la recherche lichénologique algérienne et contribuera aussi à l'enrichissement de la flore nord africaine et méditerranéenne en général.

L'étude de la végétation du Parc National de Gouraya nous a permis de mettre en évidence sept groupements végétaux et de définir une nouvelle sous-association. L'établissement d'une carte des risques d'incendie et d'une carte d'aménagement pour le parc constituera un document de base pour tout plan d'aménagement forestier.

Un nombre important d'espèces spontanées du Parc National de Gouraya et des sites remarquables environnants ont une valeur potentielle au regard de la médecine et de l'alimentation comme fourragères. La mise en place de procédés de cultures, de ces espèces, à la place de la cueillette anarchique, peut améliorer le revenu des populations locales tout en garantissant la conservation de la diversité floristique. La culture de ces plantes d'intérêt économique et leur commercialisation, augmentera indéniablement le revenu des populations.

En effet, pour l'extraction des principes actifs, le phytochimiste a besoin d'une certaine quantité de plante, d'une partie ou de toute la plante, dans les deux cas la plante est récoltée entière au cours de sa floraison et de sa fructification. Ceci nécessite la création de parcelles de culture de plantes médicinales sélectionnées à partir des listes floristiques établies grâce aux inventaires. La culture vient remplacer la cueillette. En Algérie, le marché des plantes aux propriétés médicamenteuses est sans contrôle. Vu les différents usages de ces plantes, une réglementation semble nécessaire. Chaque pays doit définir ses propres cahiers de charges.

La culture des plantes médicinales et la réglementation de la récolte des plantes spontanées pourraient réduire la pression sur les espèces végétales médicinales les plus utilisées en pharmacopée traditionnelle. Lorsqu'il s'agit de plantes rares, menacées d'extinction ou surexploitées en vue de leur commercialisation, la culture est la seule façon d'obtenir les quantités végétales nécessaires sans compromettre davantage la survie de ces espèces (OMS, UICN et WWF 1993).

Dans l'ensemble, l'activité écotouristique permet à terme, de juguler le phénomène de l'exode rural, en maintenant sur place les populations locales. Elle permet aussi d'augmenter le niveau de vie des populations qui bénéficient des effets induits de cette activité. Des emplois « verts » se développeraient à l'avenir, sous l'impulsion des acteurs en charge du développement local.

Au plan national, les activités écotouristiques génèrent des devises substantielles pour le pays, c'est pourquoi il importe de les promouvoir.

REFERENCES BIBLIOGRAPHIQUES

ABDELGUERFI A., 2003- Mises en œuvre des mesures générales pour la conservation in situ et ex situ et l'utilisation durable de la biodiversité en Algérie. Rapport de Synthèse sur « La Conservation in situ et ex situ en Algérie » MATE-GEF/PNUD : Projet ALG/97/G31. 98p.

ABDERRAHIM A., BELHAMEL K., CHALCHAT J-C. & FIGUÉRÉDO G., 2010 – Chemical Composition of the Essential Oil from *Artemisia arborescens* L. Growing Wild in Algeria. *Rec. Nat. Prod.* 4 :1 87-90.

AGENCE NATIONALE DES RESSOURCES HYDRAULIQUES (ANRH), 1993- Carte pluviométrique de l'Algérie du Nord au 1/500 000. Notice explicative. Alger. 49 p.

AHMIM M. and MOALI A., 2011 - The diet of the Maghrebian mouse-eared bat Myotis punicus (Mammalia, Chiroptera) in Kabylia, Northern Algeria. *Ecologia mediterranea,* Vol. 37 (1) : 44-51.

AÏT YOUSSEF M., 2006 – Les plantes médicinales de Kabylie. Ibis Press. Paris, 347p.

ALLANE T. & BENAMARA S., 2010 – Activités antioxydantes de quelques fruits communs et sauvages d'Algérie. *Phytothérapie,* 8 : 171–5.

AKTOUCHE W., BARKAT F., BOUNAR R. & LATRECHE S., 1990 – *Contribution à la connaissance des groupements végétaux et des ressources pastorales du parc national de Taza (W. Jijel). Cartes phytoécologique et pastorale 1/10 000 et propositions d'aménagement.* Thèse ing. D'état. ISN. USTHB. Alger. 113p. + annexe.

AMIROUCHE N. & MISSET M.-T., 2003 – Hordein polymorphism in diploid and tetraploid Mediterranean populations of the Hordeum murinum L. complex. *Plant Syst. Evol.*, 242 : 83-99.

AMIROUCHE N. & MISSET M.-T., 2007- Morphological variation and distribution of cytotypes in the diploid-tetraploid complex of the genus *Dactylis* L. (*Poaceae*) from Algeria. *Plant Syst. Evol.*, 264: 157-174.

BABA AÏSSA F., 1999 – *Encyclopédie des plantes utiles. (Flore d'Algérie et du Maghreb). Substances végétales d'Afrique, d'Orient et d'Occident.* Ed. Librairie Moderne Rouiba, Edas. Alger. 368p.

BABALI B., HASNAOUI A.R., MEDJATI N. & BOUAZZA M., 2013a - Note on the vegetation of the mounts of tlemcen (Western Algeria): Floristic and phytoecological aspects. *Open Journal of Ecology* Vol.3 (5) : 370-381.

BABALI B., HASNAOUI A.R. & BOUAZZA M., 2013b - Note on the Orchids of the Moutas Hunting Reserve - Tlemcen (Western Algeria). *Journal of Life Sciences* Vol. 7 (4) : 410-415

BAGNOULS F. & GAUSSEN H., 1957 – Les climats biologiques et leur classification. *Ann. Géogr.* 355 (LXVI°année) : 193-220.

BAMMI J & DOUIRA A., 2002 – Les plantes médicinales dans la Forêt de l'Achach (plateau central, Maroc). *Acta Botanica Malacitana,* 27 : 131-145.

BARDAT J., BIORET F., BOTINEAU M., BOULLET V., DELPECH R., GÉHU J.-M., HAURY J., LACOSTE A., RAMEAU J.-C., ROYER J.-M., ROUX G. et TOUFFET J., 2001- Prodrome des Végétations de France. Version 01-2. 143p.

BARRY J.P., CELLES J.C. & FAUREL L., 1976 – Notice de la carte internationale du tapis végétal et des conditions écologiques. Feuille d'Alger au 1/1.000.000. C.R.B.T., Alger : 42 p.

BATTANDIER 1888 J.A. (1888). *Flore de l'Algérie – Ancienne flore d'Alger transformée contenant la description de toutes les plantes signalées jusqu'à ce jour comme spontanées en Algérie par Battandier et Trabut professeurs à l'école de médecine et de pharmacie d'Alger – Dicotylédones.* Alger & Paris, XI + 825 + XXIX p.

BLAMEY R.K., 2001- Principles of Ecotourism. Dans The Encyclopedia of Ecotourism. Oxon, UK, New York, NY : CABI Pub, p. 5-22.

BEGHAMI Y., KALLA M., VELA E., THINON M. & BENMESSAOUD H., 2013 – Le Genévrier thurifère (*Juniperus thurifera* L.) dans les Aurès, Algérie : considérations générales, cartographie, écologie et groupements végétaux. *Ecologia mediterranea* Vol. 39 (1) : 17-30.

BELOUED A., 2005 – Les plantes médicinales d'Algérie. Ed. Office des publications universitaires (OPU). Alger. 284p.

BELLAKHDAR J., 1997 – *La pharmacopée marocaine traditionnelle. Médicine arabe ancienne et savoirs populaires.* Ibis Press. 764p.

BENAYACHE S., 2007 – *Étude phytochimique des plantes médicinales algériennes, cas de l'espèce <u>Inula crithmoides</u> L.* Mém Mag Univ Mentouri Constantine, Algérie, 210p.

BENHAMICHE-HANIFI S. & MOULAÏ R., 2012 – Analyse des phytocénoses des systèmes insulaires des régions de Béjaia et de Jijel (Algérie) en présence du Goéland leucophée (*Larus michahellis*). *Rev. Ecol. (Terre et Vie)*, 67 : 375-397.

BENSETTITI F., 1995 – *Contribution à l'étude phytosociologique des ripisylves du Nord de l'Algérie. Essai de synthèse à l'échelle de la Méditerranée occidentale*. Thèse Doct. En Sci. Univ. Paris Sud (ORSAY), 141p. + Annexe.

BENSETTITI F., ABDELKRIM H. et MOALI A., 2002 – Les principales unités phytosociologiques d'Algérie. La Matrice Habitats, Annexes sur « La Conservation *in situ* et *ex situ* en Algérie » MATE-GEF/PNUD : Projet ALG/97/G31 50.

BENZEKRI J–P. & collaborateurs, 1970 – *L'analyse des données*. Ed. Dunod. Paris, 2 Tomes. 1234p.
BREMNESS L., 2005 – *Plantes aromatiques et médicinales*. Larousse. 304p.

BESSAH G., 2005- Les parcs nationaux d'Algérie. Direction général des forêts. Première réunion du Comité de pilotage du «Réseau des parcs – INTERREG IIIC Sud » Naples-Italie. 6p.
http ://www.naturevivante.org/documents/parcs_nationaux.pdf

BESSAOUD O., 2006 - La stratégie de dévelopement rurale en Algérie. In Chassany J. P. & Pellissier J.P. (ed.), Politiques de développement rurale durable en Méditerranée dans le cadre du voisinage de l'Union Européenne. *Options Méditerranéenne*, serie A, 71 : 79-89.

BONIN G. & TATONI T., 1990 – Réflexions sur l'apport de l'analyse factorielle des correspondances dans l'étude des communautés végétales et de leur environnement. *Ecol. Médit.* 16 : 403-414.

BOULAACHEB N., 2000 – *Contribution à l'étude phytosociologique du Djebel Megrèss.* Mem. Magister, Univ. De Sétif. 92p.+ Annexe.

BOULAACHEB N., CLEMENT B., DJELLOULI Y., GHARZOULI R. & LAOUER H, 2006 – Les plantes médicinales du Djebel Megriss (Algérie, Nord Afrique) – Famille des Lamiaceae – *Revue des Régions Arides – SIPAM –* Numéro spécial. 1-8.

BOULAACHEB N., DJELLOULI Y., CLEMENT B. & GHARZOULI R., 2007- Flore des mares et des ruisseaux temporaires du djebel Megriss (Algérie, Nord Afrique). *Symbioses,* I9 : 56 – 60.

BOULAACHEB N., 2009 – *Etude de la végétation terrestre et aquatique du djebel Megriss (Nord Tellien, Algérie). Analyse floristique, phytosociologique et pastorale.* Thèse Doc. Es Sc. Univ. De Sétif, 314p.+ Annexe.

BOULAACHEB N., CLEMENT B. & GHARZOULI R., 2010 - Découverte d'*Oldenlandia capensis* L. (Rubiacées) à Djebel Megriss (Hauts Plateaux Sétifiens, Algérie). *Le Monde des Plantes* n°501 : 30-31.

BOULAACHEB N., CLEMENT B. & GHARZOULI R., 2011 - Plant communities belonging to the temporary ponds of the High Plateaus within the Setif Province (Djebel Megriss, Northern Tell Atlas, Algeria). *Bulletin mensuel de la Société linnéenne de Lyon* 80, 7-8 : 149-169.

BOUGAHAM A., 2008 - *Contribution à l'étude de la biologie et de l'écologie des oiseaux de la côte à l'ouest de Jijel, cas particulier du Goéland leucophée*. Mém. Magister. Univ. de Béjaia. 94p. + annexe.

BOUNAR R., BAHLOULI F., REBBAS K., GHADBANE M., CHERIEF A. & BENDERRADJI L., 2012 - Flora of Ecological and Economic Interest of the Area Dreat (Northern of Hodna, Algeria). *Environmental Research Journal – Medwell Journals.* 6 (3) : 235-238

BOUNAR R., REBBAS K, GHARZOULI R, DJELLOULI Y. and ABBAD A, 2013 – Ecological and medicinal interest of Taza National Park flora (Jijel – Algeria), *Global J Res. Med. Plants & Indigen.* Med., Volume 2(2) : 89–101.

BOURASSA B., SERRE F. & ROSS D., 1999 - Apprendre de son expérience. Québec : Presses de l'Université du Québec.

BOUTABIA L., 2000 - *Dynamique de la flore lichénique corticole sur* Quercus suber L. *au niveau du Parc National d'El Kala*. Thèse de magister, I.S.N., Université de Annaba (Algérie), 150 p.

BRAKCHI L., 1998 – *Contribution à l'étude phytoécologique et phytosociologique des groupements à pin d'Alep (Pinus halepensis* Mill*) dans le secteur Algérois*. Thèse Magister, USTHB, Alger 204p. + Annexe.

BRAUN-BLANQUET J., ROUSINE N. & NEGRE R., 1952 – Les groupements végétaux de la France méditerranéenne. *Dir. Carte Gr. Vég. Afr. Nord*, CNRS : 292 p.

BRIANE J.P., 1992 – Le traitement des données phytosociologiques sur micro-ordinateurs compatibles IBM-PC. Anaphyto, manuel d'utilisation. Univ. Paris XI. Centre d'Orsay, 32p.

CAHUZAC-PICAUD M., 2010 – Les huiles végétales, intérêt diététique et gastronomique. *Phytothérapie*, 8 : 113–117.

CANO E., MELENDO M. et VALLE F., 1997 – The plant communities of the *Asplenietea trichomanis* in the SW Iberian Peninsula. *Folia Geobot. Phytotax.* 32 : 361-376.

CHAABANE A., 1993 – *Etude de la végétation du littoral septentrional de Tunisie : typologie, syntaxonomie et éléments d'aménagement.* Thèse Doct. Es Sci. Univ. Aix Marseille 3. 205p + annexe.

CHAABANE A., 1997 – Diversité des *Crithmo-limonietea* Br.-Bl. 1947 de la cote septentrionale tunisienne et affinités syntaxonomiques avec le bassin méditerranéen occidental. *Ann. De l'INRAT*, Tunisie, 70 : 95-120.

CHALABI B., BELOUAD A. et BELHADJ G., 2002 - Les aires protégées » Rapport MATE- GEF/PNUD (Projet ALG/G13), 49 p, annexes.

CHAO N., 2005 - Évaluation d'un Tourisme au Parc National de la Lopé Gabon. Rapac, Parcs Gabon, wildlife conservation society, ZSL, MIKONGO, FFEM, ECOFAC, UE. 96p.

CHEICK TRAORE M., 2006 – Etude de la phytochimie et des activités biologiques de quelques plantes utilisées dans le traitement traditionnel de la dysménorrhée au Mali. Thèse en Doctorat d'état en Pharmacie. Université de Bamako(Mali).175p.
(www.keneya.net/fmpos/theses/2006/pharma/pdf/06P19.pdf)

CHEMLI R., 1996 – Plantes médicinales et aromatiques de la flore de Tunisie. *CIHEAM-Options Méditerranéennes* : 119-125.

CHERMAT S., 1999 – *Les étages de végétation en Algérie Nord-Orientale : Approche phytosociologique.* Thése de Magister. Univ. De Sétif. 114p. + Annexe

CHERMAT S., DJELLOULI Y. & GHARZOULI R., 2013 - Dynamique régressive de la végétation des hautes plaines sétifiennes : érosion de la diversité floristique du djebel Youssef (Algérie). *Revue d'écologie (Terre et Vie)* 68 (1) : 85-100.

CLAUZADE EG. & ROUX C., 1985 - Likenoj de Okcidenta europo. Illustrita determinlibro. *Bull. Soc. Bot. Centre-Ouest*, N° Spec. S.B.C.O., Edit. Royan.

CLAUZADE EG. & ROUX C., 1987 - Likenoj de Okcidenta europo. Suplemento 2a. *Bull. Soc. Bot. Centre –Ouest*, Nouv, Serie, 18 : 177-214.

CLERC P., SCHEIDEGGER C. & AMMANN K., 1992 – Liste rouge des macrolichens de la Suisse. *Bot Helv* 102 : 71–83

CMED (Commission Mondiale sur l'Environnement et le Développement), 1988 - Notre avenir à tous Montréal : Editions du Fleuve/Les publications du Québec, 434 p.

COSSON E., 1862 – Considérations générales sur l'Algérie, étudiée surtout au point de vue de l'acclimatation – *Soc. Bot .de France* : 498-507

COSSON E., 1879 – Le règne végétal en Algérie. *Conférence de l'Association Scientifique de France.* 75 p.

DAGET   P., 1977 – Le bioclimat méditerranéen : analyse des formes climatiques par le système d'Emberger. *Vegetatio,* Vol. 34, 2 : 87-103.

DAHMANI-MAGREROUCHE M., 1984 – *Contribution à l'étude des groupements à Chêne vert (Quercus rotundifolia* Lank*) des monts de Tlemcen (Ouest Algérien). Approche phytoécologique et phytosociologique.* Doct. 3ème cycle. USTHB, Alger, 238 p. + annexe.

DAHMANI-MAGREROUCHE M., 1997 – *Le Chêne vert en Algérie-Syntaxonomie, phytoécologie et dynamique   des peuplements.* Thèse Doct. Es sci. Biol. Veg. USTHB, Alger, 330p. +Annexe.

DAJOZ R., 2000-   Précis d'écologie. Ed. Dunod. Pp. 433-527

DAUMAS P., QUEZEL P. & SANTA S., 1952 – Contribution à l'étude des groupements végétaux rupicoles d'Oranie. *Bull. Soc. Hist. Nat. Afr. N.,* 43 : 186-202.

DE BELAIR G. & BOUSSOUAK R., 2002- Une Orchidée endémique de Numidie oubliée : *Serapias stenopetala* Maire & Stephenson 1930. *L'Orchidophile,* 153 : 189-196.

DE BELAIR G., VELA E. & BOUSSOUAK R., 2005- Inventaire des orchidées de Numidie (N-E Algérie) sur vingt années. *J. Europ. Orchid.,* 37 : 291-401.

DE BELAIR G. & VELA E., 2011 – Découverte de   *Nymphoides peltata* (Gmel) O. Kuntze (Menyanthaceae) en Afrique du Nord (Algérie). Poiretia, la revue naturaliste du Maghreb 3 : 1-7.

DEBUSSCHE M. & QUEZEL P., 1997- *Cyclamen repandum* Sibth. & Sm. En Petite Kabylie (Algérie) : un témoin biogéographique méconnu au statut taxinomique incertain. *Acta Bot. Gallica,* 144 : 23-33.

DJEBAILI S., 1984 – *Steppe algérienne : phytosociologie et écologie.* Ed. OPU, Alger, 135p. + Annexe

DEIL U. & GALAN DE MERA A., 1996 - Contribution à la connaissance de la phytosociologie et de la biogéographie des groupements rupicoles calcaires du Maroc. *Bull, Inst. Sei.*, Rabat, N° 20, p. 87-111.

DEIL U. & HAMMOUMI M., 1997 – Contribution à l'étude des groupements rupicoles des Bokkoya (Littoral du Rif central, Maroc). *Acta Botanica Malacitana* 22 :131-146.

DEIL U., 1998 - The class adiantetea in the Mediterranean area - a state of knowledge report. Annali di Botanica Vol. LVI – 1.

DJELLOULI Y., 1990 – *Flore & climats en Algérie septentrionale (Déterminismes climatiques de la répartition des plantes).* Thèse Docteur es sciences. USTHB. Alger. 262p.

Direction générale des forêts (DGF), 2006- Les aires naturelles protégées en Algérie in Conservation de la Biodiversité et gestion durable des ressources naturelles. Bulletin d'information n°1 : 7-11 (http : //www.naturevivante.org).

DERRIDJ A., GHEMOURI G., MEDDOUR R. & MEDDOUR-SAHAR O., 2009 – Approche ethnobotanique des plantes medicinales en Kabylie (Wilaya de Tizi Ouzou). *Acta Horticulturae 853: International Symposium on Medicinal and Aromatic Plants- SIPAM2009*

DOBIGNARD A. et CHATELAIN C., (2010, 2011, 2012, et 2013) – *Index synonymique de la Flore d'Afrique du Nord*. Conservatoire et Jardin botaniques de la Ville de Genève (CH), Vol. 1, 2, 3, 4 et 5.

DUPLAN L., 1952 – La région de Bougie. *19éme congrès Géol. Intern. Mong. Rég.*, 1er Série, 17, Alger, 45 p.

DUPLAN L. & GREVELLE M., 1960 – Notice explicative de la carte géologique au 1/50.000ème Bougie. *Pub. Serv. Carte géol. De l'Algérie*, Alger, 14 p.

EAGLES P.F.J., MCCOOL S.F. & HAYNES C.D., 2002 - Sustainable Tourism in Protected Areas: Guidelines for planning and management. IUCN, UNEP, WTO, Gland & Cambridge.

EMBERGER L. 1930 – La végétation de la région méditerranéenne. Essai d'une classification des groupements végétaux – *Rev. Gen. Bot .* , 42 : 641-662 et 705-721

EMBERGER L., 1936 – Remarques critiques sur les étages de végétation dans les montagnes marocaines. *Bull. Soc. Bot. Suisse Vol. Jub. Inst. Rübel.* 46 : 614-631

EMBERGER L., 1955 – Une classification biogéographique des climats. *Rev. Trav. Lab. Bot . , Geol . , Zool . Fac. Scien. Série Bot. ,* 7 : 3-43.

GAMISANS J., 1991 – La végétation de la Corse. Compléments au prodrome de la flore de Corse. Edition des conservations et Jardins Botaniques de la ville de Genève.

GAMISANS J. & JEANMONOD D., 1995 – La flore de Corse : Bilan des connaissances, intérêt patrimonial et état de conservation. *Ecologia Méditerranea* XXI (1/2) 1995 : 135-148.

GEHU J.M., 1980 – La phytosociologie d'aujourd'hui. *Not. Fitosoc.*, 16 : 1-16, Pavia.

GEHU J.M. & RIVAS-MARTINEZ S., 1981 – Syntaxonomie : Notions fondamentales de Phytosociologie. *Berichte der Internationalen Symposien der Internationalen Vereinigung für Vegetat ionskunde* : 5-33

GEHU J – M, KAABECHE M. & GHARZOULI R., 1992 – Observations phytosociologiques sur le littoral Kabyle de Bejaia à Jijel. *Doc. Phytosoc.*, N.S. 14 : 305–322. Camerino.

GEHU J– M, KAABECHE M. & GHARZOULI R., 1994 – Observations phytosociologiques dans le Nord – Est de l'Algérie. *Phytocoenologia* 24 : 369–382

GHARZOULI R., 1989 - *Contribution à l'étude de la végétation de la chaîne des Babors (analyse phytosociologique des Djebels Babor et Tababort)*. Thèse de Magister op. : Ecol. Forest. Univ. De Sétif , 244p.

GHARZOULI R. & DJELLOULI Y., 2005a – Diversité floristique de la Kabylie des Babors (Algérie). *Sécheresse*, 16 : 217-223.

GHARZOULI R. & DJELLOULI Y., 2005b – Diversité floristique des formations forestières et préforestières des massifs méridionaux de la chaîne des Babors (djebel Takoucht, Adrar ou Mellal, Tababort et Babor) Algérie. *J. Bot. Soc. Bot.* France 29 : 69-75.

GHARZOULI R., 2007- *Flore et végétation de la Kabylie des Babors. Etude floristique et phytosociologique des groupements forestiers et post forestiers des Djebels Takoucht, Adrar Ou Mellal, Tababort et Babor.* Thèse de Doct. D'état. Univ. De Sétif (Algérie). 253 p. + annexe.

GIANGUZZI L. & LA MANTIA A., 2008 - Contributo alla conoscenza della vegetazione e del paesaggio vegetale della Riserva Naturale "Monte Cofano" (Sicilia occidentale). *Fitosociologia* vol. 45 (1) suppl. 1: 3-55

GOETZ P., 2010 – Actualités en phytothérapie. *Phytothérapie*, 8 :261–6.

GOODWIN H., KENT I., PARKER K. & WALPOLE M., 1998 - Tourism, Conservation and Sustainable Development: Case studies from Asia and Africa. IIED Wildlife and Development Series No. 12. London.

GOUNOT M., 1969 – *Méthodes d'étude quantitative de la végétation.* Masson, Paris 314 p.

GUENAFDI-YAHI N., 2007- *Les cédraies d'Algérie : phytoécologie, phytosociologie, dynamique et conservation des peuplements.* Thèse Doct Sc. En Ecol Vég. USTHB, Alger. 276p. + annexe.

GUERROUM H., ABDELKEBIR L. et CHETAH M., 2006 – *Analyse physico-chimique de deux huiles commerciales de la plante Pistacia lentiscus L.* Mém. Ing. D'état en Génie des Procédés Pharmaceutique. Université de M'Sila. 35p.

GUINOCHET M., 1973 – *La phytosociologie.* Masson, Paris 227 p.

HADJI K. & REBBAS K., 2013 – Redécouverte d'Ophrys pallida Raf. (Orchidaceae) en Algérie (Jijel, Kabylie). *Lagascalia* (33) : 325-330

HADJI K. & REBBAS K., 2014 - Redécouverte d'Ophrys mirabilis, d'Ophrys funerea et d'Ophrys pallida à Jijel (Algérie). *J. Eur. Orch.* 46 (1): 67–78.

HACHICHA S-F., BARREK S., SKANJI T., ZARROUK H. & GHRABI Z.G., 2009 – Fatty acid, tocopherol, and sterol content of three *Teucrium* species from Tunisia. *Chemistry of Natural Compounds,* Vol. 45, No. 3

HAOU S., DE BELAIR G. & VIANE R., 2011- Inventory of the ferns (filicopsida) of Numidia's (North-Eastern Algeria). *Int. J. Biodiv. Cons.*, 3 : 206-223.

HARIF R., LAURENT F. et DJELLOULI Y., 2008 - L'écotourisme dans le parc national de Souss Massa – Maroc. "*Colloque international « Tourisme, secteur de l'économie de substitution et de développement durable* », Alger, 13p.

HSEINI S & KAHOUADJI A., 2007 – Étude ethnobotanique de la flore médicinale dans la région de Rabat (Maroc occidental). *Lazaroa* 28: 79-93.

KAABECHE M., 1990 – *Les groupements végétaux de la région de Bou– Saada (Algérie). Essai de synthèse sur la végétation steppique du Maghreb.* Thèse Doct. En sci. , Univ. Paris Sud, centre d'Orsay, 104 p.

KAABECHE M., 1995 – Flore et végétation dans le Chott El-Hodna (Algérie). *Doc. Phytosoc.,* N.S., Vol. XV : 393-402. Camerino

KAABECHE M., GHARZOULI R. et GEHU J-M., 1998 – Les communautés à *Euphorbia dendroides* L. d'Algérie. Syntaxonomie, synécologie et Synchorologie. *Itinera. Geobotanica* 11 : 139-158.

KAABECHE M., 2007 – Les plantes médicinales d'Algérie orientale : Taxonomie, écologie et possibilité culturale. *Revue des régions arides* (2) : 586-589

KADIK-ACHOUBI L., 2005 – *Etude phytosociologique et phytoecologique des formations à pin d'Alep (Pinus halepensis Mill) de l'étage bioclimatique semi-aride Algérien*. Thèse Doct. Es Sci. Univ. USTHB Alger. 350p.

KAZI TANI C., 2012 – Une nouvelle espèce naturalisée en Algérie : *Galinsoga parviflora* Cav. *Poiretia, la revue naturaliste du Maghreb* 4 :17-24.

KHELIFI H., 1987 - *Contribution à l'étude phyto-écologie et phytosociologie des formations à Chêne liège dans le Nord – Est algérien*. Thèse. Magister. USTHB. Alger 151p.

KHELIFI H., BIORET F. & FARSI B., 2008 – Apport à la connaissance syntaxonomique du littoral rocheux ouest-algérois. *Acta Bot. Gallica*, 2008, 155 (2), 163-177.

KHELOUFI – SOUICI, N., (1995) – Contribution à l'étude de la végétation du Tell Setifien (Analyse phytosociologie des Djebels : Tafat, Anini et Mégress). Thèse Mag. Eco. Forest. Univ.Setif 148 p

KLEIN J. C., SAHNOUNE M., VALLES J., CERBAH M., COULAUD J. & SILJAK-YAKOVLEV S., 1997- Analyse cytogénétique comparée de trois taxons du genre *Hyoseris. Lagascalia,* 19 : 529-536.

KREUTZ C.A.J., REBBAS K., MIARA M.D., BABALI B. & AIT-HAMMOU M., 2013 - Neue Erkentnisse zur Orchideen Algeriens. *Ber. Arbeitskrs. Heim. Orch.* 30 (1) in press.

LACOSTE A., 1972 – *La végétation de l'étage subalpin du bassin sup. de la Tine (Alpes Maritimes)*. Thèse Doct., Univ. Paris-Sud, centre d'Orsay, 295 p.

LACOSTE A. & SALANON R., 2005- *Éléments de biogéographie et d'écologie*. Ed. Armand Colin. 318p.

LAPIE G., 1909 – Les divisions phytogéographiques de l'Algérie. *C. R. Acad. Scien.* 148 (7) : 433-435.

LAPIE G., 1914 – Aperçu phytogéographique sur la Kabylie des Babors. *Rev. Gen. Bot.*, (Vol . jub. G. Bonnier) : 417-424.

LARIBI M., 1999 – *Contribution à l'étude phytosociologique des formations caducifoliées à* Quercus canariensis *Willd. et* Quercus afares *Pom. du massif forestier d'Ath Ghobri-Akfadou (Grande Kabylie)*. Mém. Magister, Univ. de Tizi- Ouzou. 156p.

LARIBI M., ACHERAR M., DERRIDJ A. & MATHEZ J., 2009- *Nardus stricta* L., espèce nouvelle pour la flore algérienne. *J. Bot. Soc. Bot. France*, 48: 3-6.

LARIBI M., ACHERAR M., MATHEZ J. & DERRIDJ A., 2011- Découverte *Rhynchocorys elephas* (L.) Griseb dans l'Akfadou (Grande Kabylie, Algérie) : première mention pour Afrique du Nord. *J. Bot. Soc. Bot. France*, 53 : 31-36.

LAOUER H., HIRÈCHE-ADJAL Y., PRADO S., BOULAACHEB N., AKKAL S., SINGH G., SINGH P., ISIDOROV V.A. & SZCZEPANIAK L., 2009 – Chemical composition and antimicrobial activity of essential oil of *Bupleurum montanum* and *Bupleurum plantagineum*. *Natural Product Communications*. Vol. 4 (11): 1605-1610

LE DANFF J.-P., 2002 - La convention sur la diversité biologique: tentative de bilan depuis Rio. *VertigO. La revue en sciences de l'environnement*, 3 (3):1-4.

LE FLOC'H E. & BOULOS L. (coll. : VELA E., TISON J-M. et MARTIN R.), 2008 – *Flore de Tunisie, Catalogue synonymique commenté*. Montpellier(Fr) 461p.

LE FLOC'H, E., BOULOS, L. & VELA E., 2010 – *Catalogue synonymique commenté de la Flore de Tunisie*. BNG et MEDD.Tunisie, 500p.

LETREUCH-BELAROUCI A., MEDJAHDI B., LETREUCH-BELAROUCI N. & BENABDELI K., 2009- Diversité floristique des subéraies du parc national de Tlemcen (Algérie). *Act. Bot. Malac.*, 34 : 77-89.

LÉVÊQUE C., 2001- *Écologie de l'écosystème à la biosphère*. Ed. Dunod. 502p.

LÉVÊQUE C. & MOUNOLOU J.C., 2008- *Biodiversité, dynamique biologique et conservation*. Ed. Dunod. 259p.

JEANMONOD D. & GAMISANS J., 2007- *Flora corsica*. Edisud, Aix-en-Provence (FR), 921p.

MADJID N. & BENMERZOUG H., 2006 – *Détermination phytochimique et l'activité biologique des différents extraits de l'espèce Artemisia arborescens L.* Mém. Ing. D'état en Génie des Procédés Pharmaceutique. Université de M'Sila. 40p.

MAIRE R., 1926 – Carte phytogéographique de l'Algérie et de la Tunisie – Gouv. Gén. Algérie. 1 vol, 78 p, 1 carte h. t . Alger.

MAIRE R., 1952-1987 – *Flore de l'Afrique du Nord (Maroc, Algérie, Tunisie, Tripolitaine, Cyrénaïque et Sahara)*. Paris : éditions Le Chevalier ; 16 vol. parus.

MAP (Mediterranean Action Plan), 2008 – Repenser le développement rural en Méditerranée : Actes de l'atelier régional sur l'agriculture et le développement rural durables. MAP Technical Reports Series No. 172.

MEDAIL F. & MYERS N., 2004 – Mediterranean Basin. In: MITTERMEIER & al. (eds). *Hotspots revisited: Earth's Biologically Richest and Most Endangered Terrestrial Ecoregions.* Cemex, Conservation International & Agrupación Sierra Madre, Monterrey, Washington & Mexico, pp. 144-147.

MEDAIL F. & QUEZEL P., 1997- Hot-spot analysis for conservation of plants biodiversity in the Mediterranean Basin. *Ann. Missouri Bot. Gard.*, 84 : 112-127.

MEDAIL F. & QUEZEL P., 1999 – Biodiversity hotspots in the Mediterranean basin: setting global conservation priorities, *Conserv. Biol.* 13 (1999) 1510–1513.

MEDDOUR R., 1994 - *Contribution à l'étude phytosociologique de la portion centro-orientale du Parc National de Chréa. Essai d'interprétation synthétique des étages et des séries de végétation de l'Atlas blidéen.* Thèse Magister. INA, Alger. 330 + Annexe.

MEDDOUR R., 2010 – *Bioclimatologie, phytogéographie et phytosociologie en Algérie. Exemple des groupements forestiers et préforestiers de la Kabylie Djurdjuréenne.* Thèse Doctorat d'état. UMM, Tizi Ouzou. 461p.

MEDDOUR R., MEDDOUR-SAHAR O., DERRIDJ A., 2011- Medicinal plants and their traditional uses in Kabylia (Algeria): an ethnobotanical survey. *Planta Medica*, 77 - PF29

MEDJAHDI B., IBN TATTOU M., BARKAT D. & BENABEDLI K., 2009- La flore vasculaire des Monts des Traras (Nord Ouest Algérien) *Acta Bot. Malac.*, 34 : 57-75.

MEDJAHDI B., LETREUCH-BELAROUCI A., LETREUCH-BELAROUCI N. & BARKET D., 2011 – Une orchidaceae nouvelle pour la flore d'Algérie: *Ophrys dyris* Maire. *Colloque international « Espèces végétales et microbiennes décrites en Algérie de 1962 à 2010.* Univ. USTO Oran 18-20 octobre 2011.

DGF (direction générale des forêts), 2006 – Atlas des parcs nationaux algériens. Parc National de Théniet El Had – Direction Générale des Forêts. Ed-diwan, 96p.

MESSAOUDENE M., LARIBI M. & DERRIDJ A., 2007 – Etude de la diversité floristique de la forêt de l'Akfadou. *Bois Forets Trop.*, 291 : 75-81.

MERIKHI – BELKHITER R., 1995 - *Contribution à l'étude de la végétation des Monts du Hodna (Etude phytosociologique du Massif du Boutaleb).* Thèse Magister, Univ. De Sétif. 179p.

M'HIRIT O., 1982 – *Etude écologique et forestière des cédraies du Rif Marocain : essai sur une approche multidimensionnelle de la phytoécologie et de la productivité du cèdre (Cedrus atlantica M.).* Thèse Doct. Es sc. Univ. Aix Marseille, 2 Vol.

MOLINIER R., 1934 – Etudes phytosociologiques et écologiques en Provence occidentale. *Ann. Mus. Hist. Nat.*, Marseille, 27 (1) : 1-273.

MOLINIER R., 1935 – *Etudes phytosociologiques et écologiques en Provence occidentale.* Thèse Sc. Paris, 273p.

MOLINIER R., 1954 – Observations sur la végétation de la zone littorale en Provence. *Vegetatio, Acta Geobotanica*, IV : 284-308.

MORMONT M., MOUGENOT C. et DASNOY C., 2006 – La participation composante du développement durable : quatre études de cas. *Revue électronique en sciences de l'environnement VertigO*, Vol7 no2 : 1-13.

MYERS N., MITTERMEIER R.A., MITTERMEIER C.G., FONSECA G.A.B. DA & KENT J., 2000. Biodiversity hotspots for conservation priorities. *Nature*, 403 : 853-858.

MYERS N., 2003 – Biodiversity hotspots revisited, *BioScience*, 53 (2003) : 916-917.

NANTAIS N. D., 2009- Évaluation par les participants de l'impact du programme ROPED (Réseau d'Observation des Poissons d'Eau Douce) sur le développement de leur sensibilité au milieu naturel. Menv, université Sherbrooke, 211p.

NEFFAR F. & BENABDERAHMANE Z., 2013 - Quantification des Huiles Essentielles dans deux Espèces de Romarin (*Rosmarinus officinalis* et *Rosmarinus tournefortii*) au niveau de Djebel Metllili (Batna). *Revue Agriculture*, 05 : 19 – 23.

NETO C., CAPELO J., SÉRGIO C., COSTA J.C., 2007- The *Adiantetea* class on the cliffs of SW Portugal and of the Azores. *Phytocoenologia* 37 (2): 221-237.

Office National Météorologique Algérien (ONM), 2005 – Données climatiques de la station météorologique de Béjaïa (document interne).

OMS, UICN & WWF, 1993 - Principes directeurs pour la conservation des plantes médicinales, Gland, Suisse, 35 p.

OUALI S., 2004 – *Inventaire et étude en morphologie florale des Légumineuses du Parc National de Gouraya.* Mém. Ing. D'état en Ecologie et Environnement. Université de A. Mira, Béjaïa (Algérie) 117p.

OUARMIM S., DUBSET C., 2008 - *Etude écologique, morphologique et systématique de la giroflée (*Erysimum sect. Cheiranthus*) du Parc National de Gouraya (Bejaia, Algérie).* Mém. PEPA. Univ. Aix Marseille 3 & Univ. Béjaia. 25p.

OUARMIM S., DUBSET C. & VELA E., 2013- Morphological and ecological evidences for a new infraspecific taxa of the wallflower Erysimum cheiri (Brassicaceae) as an indigenous endemism of the southwestern Mediterranean. *Turkish Journal of Botany*, 37 Issue 6 : 1061-1069.

OULD EL HADJ M., HADJ-MAHAMMAD M. & ZABEIROU H., 2003 – Place des plantes spontanées dans la médicine tradionnelle de la région d'Ouargla (Sahara septentrional Est). *Courrier du Savoir*, 3 : 47-51.

OULED DHAOU S., JEDDI K. & CHAIEB M., 2010 – Les Poaceae en Tunisie : systématique et utilité thérapeutique. *Phytothérapie,* 8 : 145–152.

PAPE S., 2007 – Vers un tourisme durable ? Étude de cas de la Bulgarie. Maîtrise en sciences de l'environnement. Univ. Du Québec, Montréal, 108p.

PERÉZ LATORRE A.V. & GALÁN DE MERA A., 1997- Datos sobre *Rupicapnion africanae* Br.-Bl. & Maire en suregión mediterránea occidental. *Acta Botanica Malacitana*, 22 : 233-234.

PEDERSEN A., 2002 - Managing Tourism at World Heritage Sites: A practical manual for World Heritage Site Managers. UNESCO World Heritage Centre, Paris.

PEYERIMHOFF P. DE, 1937 – Les Parcs Nationaux d'Algérie. In « Contribution à l'étude des réserves naturelles et des parcs nationaux. « *Mém. Soc. Biogéogr.* 5 :127-138.

PEYERIMHOFF P. DE, 1941 – Carte forestière de l'Algérie et de la Tunisie. *Sc. Cartographique des Forêts*: 13 -28.

PLANTLIFE & IUCN, 2003 – Defining important plant areas in the mediterranean region. Workshop report. Plantlife International and IUCN – IPA Mediterranean workshop report 27 & 28 June 2003. 44p. (http ://www.plantlife.org.uk/).

PIGNATTI S., 1982 – *Flora d'Italia*. Ed. Agricole, Bologna (IT), 3 vol. : 790 + 732 + 780 p.

PONS A. & QUEZEL P., 1955 – Contribution à l'étude de la végétation des rochers maritimes du littoral de l'Algérie central et occidentale. *Bull. Soc. Hist. Afr. Nord* 46, (1-2), 48-80, Alger.

PNG, 2007 – Plan de gestion du parc national de Gouraya. Ed. PNG-DFG (direction générale des forêts, Algérie). Phase A, B et C.

POTTIER-ALAPETITE G., 1954 – L'île de Zembra. Excursion phytosociologique. *Mém. Soc. Sc. Nat.* Tunisie, 2 : 53-44.

PRELLI R., 2002 – *Les fougères et plantes alliées de France et d'Europe occidentale.* Ed. Belin. 431p.

QUEZEL P. & SANTA S., 1962, 1963 – *Nouvelle flore de l'Algérie et des régions désertiques méridionale.* C.N.R.S. Paris. 2 vol. 1170 p.

QUEZEL P., 1964 – L'endémisme dans la flore de cœurAlgérie. *C.R. de la Soc. Biogéogr.*, 361: 137-149.

QUEZEL P., 1978 – Analysis of the flora of Mediterranean and Saharan Africa. *Ann. Missouri Bot . Garden.* 65: 479-537

QUEZEL P., 2002 – *Réflexions sur l'évolution de la flore et de la végétation au Maghreb méditerranée.* Paris. Ed. Ibis Press. 112 p.

QUEZEL P. & MEDAIL F., 2003 – *Ecologie et biogéographie des forêts du bassin méditerranéen. Ed. Elsevier.* 571 p.

OZENDA P. & CLAUZADE EG., 1970 – *Les lichens, étude biologique et flore illustrée.* Ed. Masson, Paris, 801 p.

RADFORD E.A., CATULLO G. et MONTMOLLIN B. DE (sous la direction de), 2011 – Zones importantes pour les plantes en Méditerranée méridionale et orientale. Sites prioritaires pour la conservation. Gland, Suisse et Málaga, Espagne : UICN VIII + 124

RAMEAU J.-C., 1988 – Le tapis végétal, Structuration dans l'espace et dans le temps, réponses aux perturbations, méthodes d'étude et intégrations écologiques. ENGREF, Centre de Nancy, 120p.

REBBAS K., 2002 – *Contribution à l'étude de la végétation du Parc National de Gouraya (Béjaïa, Algérie) : Etude phytosociologique.* Mémoire de Magister, université de Sétif (Algérie). 115p. + annexes.

REBBAS K., BOUNAR R., SARRI D., DJELLOULI Y. & ALATOU D., 2006- Flore menacée d'extinction du Parc National de Gouraya (Béjaïa). *Séminaire National sur les espèces de faune et de flore menacées d'extinction en Algérie*- 29 et 30 Mai 2006. Département de Foresterie et Protection de la Nature – Institut National Agronomique (INA, El Harrach, Alger).

REBBAS K., SARRI D., GHARZOULI R., & DJELLOULI Y., 2006 – Diversité floristique du Parc National de Gouraya (Béjaïa, Algérie). *Célébration du centenaire de l'institut National Agronomique (1905-2005)* les 2, 3 et 4 mai 2006. Association Algérienne de Phytosociologique - Institut National Agronomique (El Harrach, Alger).

REBBAS K., VELA E., DJELLOULI Y. & ALATOU D., 2007 – Inventaire des orchidées sur un transect Parc National de Gouraya – région de Chemini (Béjaïa, Algérie). *Séminaire international sur la Biodiversité, l'environnement et la Santé.* 12-14 Nov 2007. C. Univ. El Taref (Algérie).

REBBAS K. & VELA E., 2008- Découverte d'*Ophrys mirabilis* P. GENIEZ & F. MELKI en Kabylie (Algérie). *Le Monde des Plantes* (n°496) : 13-16.

REBBAS K., HADDAD M. & VELA E., 2009 – Contribution à l'inventaire des orchidées de la Kabylie (Algérie). *15ᵉ Colloque sur les orchidées.* Corum de Montpellier. Société Française d'Orchidophilie(SFO) 30-31Mai et 01 Avril 2009.

REBBAS K., 2010 – Les Orchidées d'Algérie in Durbin P., 2010 – Les Orchidées d'Algérie : cap au Sud !. http ://ophrys-orchis.populus.ch, Orchidées Clic. *L'Orchidophile,* 187(2010) :303-304.

REBBAS K., VELA E., GHARZOULI R., ALATOU D. & DJELLOULI Y., 2010 – Richesse floristique du Parc National de Gouraya (Bejaia, Algérie). *Séminaire International de Biologie Végétale et Ecologie SIBVE.* 22-25 Novembre 2010. Université Mentouri Constantine, Algérie.

REBBAS K., VELA E., GHARZOULI R., DJELLOULI Y., ALATOU D. & GACHET S., 2011- Caractérisation phytosociologique de la végétation du parc national de Gouraya (Béjaïa, Algérie). *Revue Écologie (Terre Vie),* Vol. 66 : 267-289.

REBBAS K., BOUTABIA L., TOUAZI Y., GHARZOULI R., DJELLOULI Y., ALATOU D., 2011- Inventaire des lichens du parc national de Gouraya (Béjaïa, Algérie). *Phytothérapie,* Vol. 9, n°4 : 225-233.

REBBAS K. & VELA E., 2011 – Découverte de stations d'orchidées « nouvelles » pour l'Algérie sur un transect Bibans / M'Sila (Kabylie / Hodna). *Colloque international « Espèces végétales et microbiennes décrites en Algérie de 1962 à 2010.* Univ. USTO Oran 18-20 octobre 2011.

REBBAS K., VELA E., BOUGUEHAM A-F, MOULAÏ R. & TISON J-M., 2011 – Espèces nouvelles ou inédites pour l'Algérie, découvertes en Kabylie et dans le centre du pays de 2004 à 2011. *Colloque international « Espèces végétales et microbiennes décrites en Algérie de 1962 à 2010.* Univ. USTO Oran 18-20 octobre 2011.

REBBAS K., BOUNAR R., GHARZOULI R., RAMDANI M, DJELLOULI Y., ALATOU D., 2012- Plantes d'intérêt médicinale et écologique dans la région d'Ouanougha (M'Sila, Algérie). *Phytothérapie,* Vol. 10, pp 1-12.

REBBAS K. & BOUNAR R., 2012 - Approche phytosociologique d'une zone steppique: El Haourane (Hammam Dalaa, M'Sila-Algérie). *AfriqueScience* 08 (3): 102 – 106.

REBBAS K., & VELA E., 2013 – Observations nouvelles sur les Pseudophrys du Centre-Est de l'Algérie septentrionale. *Journal Europäischer Orchideen* 45 (2) : 501-517.

REBBAS K. & BOUNAR R., 2014 – Études floristique et ethnobotanique des plantes médicinales de la région de M'Sila (Algérie). *Phytothérapie,* 1-8p.

REVERET J-P. & GENDRON C., 2000 – Le développement durable, Economie et Sociétés, Vol. Série F, no. 37, pp. 111-124.

ROBYNS W., 1968 – Une classification générale nouvelle des grands bioclimats saisonniers de la terre. Université catholique de Louvain. Institut Carnoy. 368-373.

ROUX C., SIGNORET J. & MASSON D., 1989 – Proposition d'une liste d'espèces de macrolichens à protéger en France. Association française de lichénologie, 33p.

SARRI D., 2002 – *Etude de la végétation du parc national d'El Kala. Forêt domaniale du djebel El Ghorra (Algérie) Phytosociologie, et proposition d'aménagement.* Mém de Magister. Univ. De Sétif 160p.

SEGHNI L., HILLO A.L., LAMARA K. & PAIX M., 2000 – Hypoglycemic activity of glycosides extracted from *Teucrium polium* ssp. *Aurasianum* (Labiatae). *Comm. First African Congress on Biology and Health.* 23, 24, 25 April. Sétif.

SELLAM N., 2009, *Etude des paramètres démographiques des troupes des magots* (Macaca sylvanus L.) *dans le Parc National de Gouraya (Béjaïa).* Mém. Magister. Univ. De Béjaïa. 64p. + annexe.

SELTZER P., 1946 – *Le climat de l'Algérie.* IMPGA. Alger, 218 p.

TARDIF J., 2003 – Écotourisme et le développement durable. *La revue en sciences de l'environnement – VertigO*, Vol 4, No 1 :1-11.

TERZI M. et D'AMICO F.S., 2008 – Chasmophytic vegetation of the class *Asplenietea trichomanis* in south-eastern Italy. *Acta Bot. Croat.* 67 : 147-174

TIEVANT P., 2001- *Guide des lichens – 350 espèces de lichens d'Europe.* Ed. Délachaux et Niestlé. Paris. 304p.

THOMAS J-P., 1968 – Ecologie et dynamisme de la végétation de la dune littorale dans la région de Djidjelli. *Bull. Soc. Hist. Nat. Af. Nord.* 59 (1/4) : 37-98.

TÜRK R. & WITTMANN H., 1986 – Rote liste gefährdeter Flechten (Lichenes) Öster-reichs. In : Niklfeld H (Ed) Rote gefährdeter Pflanzen Österreichs. Grüne Reile des Bundesminist. Für Gesundheit und Umweltschutz 5 : 164–78

VALNET J., 2001 – *Phytothérapie*. Ed. Vigot, 712 p.

VAILLANCOURT J-G., 1995 – Penser et concrétiser le développement durable, codécision, pp. 24-29.

VAILLANCOURT J-G., 2002 – Action 21 et le développement durable. *VertigO – La revue en sciences de l'environnement*, Vol 3, No 3 :1-8.

VELA E. & BENHOUHOU S., 2007- Evaluation d'un nouveau point chaud de biodiversité végétale dans le bassin méditerranéen (Afrique du nord). *C.R. Biologies* 2007 ; 330 : 589-605.

VELA E., 2008 – Mission exploratoire à Skikda : Petites îles de Méditerranée 08. Conservatoire de l'Espace littoral et des Rivages lacustres, Aix-en-Provence.
http ://www.initiativepim.org/sites/default/files/fichier/documents/VELA.E, Note_natura- liste_PIM08_Mission_exploratoire_flore_Skikda, 2008.pdf

VELA E. & REBBAS K., 2009- Découverte de *Lotus angustissimus* L. subsp. *angustissimus* (Fabaceae) en Kabylie (Algérie). *Poiretia, la revue naturaliste du Maghreb* (n° 1) 2009 : 10-15 (http://poiretia.maghreb.free.fr/).

VELA E., REBBAS K., DE BELAIR G., BEGHAMI Y. & MARTIN R., 2010 – Les orchidées d'Algérie et de Tunisie : un exemple de travail collaboratif sur la flore du Maghreb. *Séminaire International de Biologie Végétale et Ecologie SIBVE*. 22-25 Novembre 2010. Université Mentouri Constantine, Algérie.

VELA E., REBBAS K., DE BELAIR G., MEJAHDI B. & BENMAMAR HASNAOUI H., 2011- Bilan des orchidées décrites, découvertes ou redécouvertes en Algérie après 1962. *Colloque international « Espèces végétales et microbiennes décrites en Algérie de 1962 à 2010.* Univ. USTO Oran 18-20 octobre 2011.

VELA E., BOUGUAHAM A.-F. & MOULAÏ R., 2012a – Découverte d'*Allium commutatum* Guss. (Alliaceae) en Algérie. *Lagascalia* 32 : 291-295

VELA E., TELAILIA S., BOUTABIA-TELAILIA L. & DE BELAIR G., 2012b – Découverte de Sixalix armorea (Coss.) Greuter & Burdet (Dipsacaceae) en Algérie. *Lagascalia* 32 : 284-290.

VELA E. & PAVON D., 2012- The vascular flora of Algerian and Tunisian small islands: if not biodiversity hotspots, at least biodiversity hotchpotchs? *Biodiversity Journal*, 3 (4): 343-362

VELA E., REBBAS K., MEDDOUR R. & DE BÉLAIR G., 2013 – Note sur quelques xénophytes nouveaux pour l'Algérie (et la Tunisie). Addenda – Notes Xénophytes – Index synonymique de la flore d'Afrique du Nord in Dobignard et Chatelain (Vol 5): 372-376

VELA E., 2013 – Notes sur les cactus du genre *Opuntia* s. l. en Algérie et en Tunisie. ADDENDA – NOTES Xénophytes – Index synonymique de la flore d'Afrique du Nord in Dobignard et Chatelain (Vol 5) 376-379.

VELA E. & SCHÄFER P. A., 2013 - Typification de *Juniperus thurifera* var. *africana* Maire, délimitation taxonomique et conséquences nomenclaturales sur le Genévrier thurifère d'Algérie. *Ecologia mediterranea* Vol. 39 (1) : 69-80.

VERLAQUE R., MÉDAIL F. & ABOUCAYAC A., 2001 – Valeur prédictive des types biologiques pour la conservation de la flore méditerranéenne. *C.R. Acad. Sci.* Paris, Sciences de la vie / Life Sciences 324 : 1157–1165

VEUILLOT M., 2001 – Plantes : usages et statuts juridiques. *Le Courrier de l'Environnement* n°44. 23p. (http://www.inra.fr/dpenv/so.htm#ce44)

VIÉ, J.-C., HILTON-TAYLOR, C., POLLOCK, C., RAGLE, J., SMART, J., STUART, S. AND TONG, R. The IUCN Red List: a key conservation tool. In: Vié, J.-C., Hilton-Taylor, C. and Stuart, S.N. (eds.). Wildlife in a Changing World: An Analysis of the 2008 IUCN Red List of Threatened Species. Gland, Switzerland, IUCN : 1-13. 2009.

WALTER K.S. & GILLET H.J., 1998 – IUCN Red List of Threatened Plants. IUCN, Gland (CH) & Cambridge (UK) : LXIV + 862 p.

WALTER J-M. N., 2006 – Méthodes d'étude de la végétation, méthode du relevé floristique. Univ. Louis Pasteur, Strasbourg. 23p.

WIRTH V., 1984 – Rote Liste der Flechten (Lichenisierte Ascomyzeten). 2. Fassung. Stand Ende 1982, 152–62. In : Blab J, et al (Eds) Rote Liste der gefährdeten Tiere und Pflanzen in der Bundes-republik Deutschland.4. Aufl. (Naturschutz Aktuell 1), Kilda-Verlag, Greven, 270S.

WOJTERSKI T.W., 1985 – *Guide de l'excursion internationale de phytosociologie (Algérie du Nord)*. Ass. Intern. Pour l'étude de la vég. INA. E Harrach, Alger, 274p.

WOODS R. G., 2010 – A Lichen Red Data List for Wales. Plantlife, Salisbury. 72p.

YAHI N., DJELLOULI Y. & DE FOUCAULT B., 2008 – Diversités floristique et biogéographique des cédraies d'Algérie. *Acta Bot. Gallica*, 155 (3) : 403-414

YAHI N. & BENHOUHOU S. 2010 – Algérie pages 27-30 dans : Zones importantes pour les plantes en Méditerranée méridionale et orientale : sites prioritaires pour la conservation (sous la direction de Radford, E.A., Catullo, G. et Montmollin, B. de). (http://www.plantlife.org.uk/publications/IPA-SEMed)

YAHI N., VELA E., BENHOUHOU S., DE BELAIR G. & GHARZOULI R., 2012 – Identifying Important Plants Areas (Key Biodiversity Areas for Plants) in northern Algeria. *Journal of Threatened Taxa*, 4(8) : 2753–2765.

ANNEXES

ANNEXE 1(1) _ Classement du parc national de Gouraya par le Gouvernement général de l'Algérie

GOUVERNEMENT GÉNÉRAL
de l'Algérie

Direction des Forêts

N° 3759

République Française

Arrêté

Le Gouverneur Général de l'Algérie,

Vu le décret du 26 juillet 1901 sur le fonctionnement du service des Eaux et Forêts en Algérie;

Vu l'arrêté gouvernemental du 17 février 1921 qui a institué le statut des Parcs Nationaux en Algérie;

Vu la loi forestière algérienne du 21 février 1903;

Le Conseil de Gouvernement entendu;

Sur la proposition du Secrétaire Général du Gouvernement;

ARRÊTE :

ARTICLE 1er.-Sont classés comme PARC NATIONAL, sous le nom de PARC NATIONAL DU DJEBEL GOURAYA, les terrains d'une contenance totale de 530 hectares, situés sur le territoire de la commune de plein exercice de Bougie, et délimités par un liseré carmin sur le plan ci-annexé, savoir :

1° - Forêt domaniale du Djebel Gouraya (totalité) 405^{ha}00

2° - Terrains affectés au Service des Ponts et Chaussées (Presqu'île du Cap Carbon) 19,50

3° - Terrains militaires 104,00

4° - Terrains particuliers 1,50

Total . . . . . 530^{ha}00.

ARTICLE 2.-En cas d'événements calamiteux, le Gouverneur Général pourra, par application du § 4 de l'article 71 de la loi forestière algérienne du 21 février 1903, ouvrir, au parcours temporaire des troupeaux.

ARTICLE 3.-Le Préfet du département de Constantine et le Conservateur des Eaux et Forêts à cette résidence, sont chargés, chacun en ce qui le concerne, de l'exécution du présent arrêté./.

Fait à Alger, le 7 AOÛT 1924

P. LE GOUVERNEUR GÉNÉRAL DE L'ALGÉRIE EMPÊCHÉ
Le Secretaire Général du Gouvernement

ANNEXE 1₍₂₎ – Différents cantons du parc national de Djebel Gouraya (Gouvernement général de l'Algérie)

ANNEXE 2$_{(1)}$ – Tableau des espèces en présence une fois dans les tableaux phytosociologiques des groupements végétaux de la zone d'étude

Groupe A : *Trachelio-Adiantetum* O. Bolós 1957 (incl. *Trachelio-Adiantetum* sensu Gehu et al. 1992)

Qi: *Quercetea ilicis.* **Ar**: *Asplenietea rupestris.* **Cr** : *Crithmo-Limonietea.* **Ro** : *Rosmarinetea officinalis.Phyllirea angustifolia* subsp. *media* (r, 18, Qi), *Eryngium tricuspidatum* (r, 12, Qi), *Antirrhinum majus* subsp. *tortuosum* (+, 120, Ar)

Autres espèces (présence une fois): *Centranthus ruber* (+, 129), *Ailanthus altissima* (+, 127), *Pteris cretica* (+, 31); *Christella dentata* (r, 31); *Alnus glutinosa* (3, 31), *Equisetum ramosissimum* (+, 22), *Ulmus campestris* (Pl.) (+, 9), *Agrimonia eupatoria* (r, 34)

Groupe B1a: Association à *Bupleurum plantagineum* et *Hypochoeris saldensis* Pons et Quézel 1955

Lotus creticus subsp *cytisoides* (+, 75, Cr), *Catapodium loliaceum*(r, 52, Cr), *Vaillantia muralis*(r, 56, Cr), *Teucrium fruticans* (r, 60, Qi), *Rhamnus alaternus* (r, 52, Qi), *Lonicera implexa*(r, 74, Qi), *Lavatera olbia* (r, 60, Qi), *Myrtus communis* (r, 75, Qi)

Autres espèces : *Carex halleriana* (+, 71), *Asperula cynanchica* subsp *aristata* (r, 75), *Adiantum capillus veneris* (r, 56), *Allium paniculatum* (+, 60), *Gladiolus segetum*(r, 60), *Psoralea bituminosa* (+, 74), *Vincetoxicum officinale* (+, 71)

Groupe B1b : Groupement à *Sedum multiceps* et *Phagnalon saxatile*

Catapodium loliaceum (+, 7, Cr), *Phyllitis hemionitis* (+, 86, Cr), *Limonium gougetianum* (r, 50, Cr), *Buplereum fruticosum* (r, 49 , Qi), *Smilax aspera* (r, 86 , Qi), *Jasminum fruticans* (r, 142 , Qi), *Cyclamen africanum* (r, 50 et 51, Qi), *Daphne gnidium* (r, 141, Qi), *Juniperus phoenicea* (r, 77, Qi), *Chamaerops humilis* (r, 69 , Qi), *Ceratonia siliqua* (r, 86, Qi), *Carex distachia* (r, 141 , Qi), *Fumana laevipes* (+, 139 , Ro), *Hyparrhenia hirta* (r, 139 , Ro)

Autres espèces : *Avena sterilis* (+, 86), *Inula viscosa* (r, 143), *Mercurialis annua* subsp *ambigua* (+, 141), *Lagurus ovatus* (+, 77), *Vaillantia muralis* (+, 77), *Geranium robertianum* subsp. *purpureum* (r, 142), *Hyoscyamus albus* (1, 143), *Antirrhinum orontium* (r, 139), *Orobanche sanguinea* (r, 139), *Scilla obtusifolia* (r, 139), *Urginea undulata* (r, 139), *Urospermum picroides* (r, 139), *Ephedra major* (r, 59)

Groupe B2 : Groupement à *Antirrhinum majus* subsp. *tortuosum* et *Parietaria officinalis* subsp. *ramiflora*

Rhamnus lycioides (r, 121, Qi), *Ceratonia siliqua* (r, 121 Qi), *Rubia pergrina* (r, 125, Qi), *Lonicera implexa* (r, 28, Qi), (r, 28, Qi), *Ampelodesma mauritanicum* (r, 121, Qi), *Buplereum fruticosum*(r, 124, Qi), *Coronilla valentina* subsp. *speciosa* (r, 124, Qi), *Rubus ulmifolius* (r, 28, Qi), *Satureja graeca* (r, 121, Ro), *Ruta chalepensis* subsp. *latifolia* (r, 124, Ro)

Autres espèces (présence une fois): *Helichrysum stoechas* subsp. *stoechas* (+, 110), *Selaginella denticulata* (r, 124), *Linum corymbiferum* subsp. *asperifolium*(r, 121), *Urginea maritima* (r, 112), *Helianthemum cinereum* subsp. *rubileum* (r, 121), *Fumana ericoides* subsp. *scoparia* (r, 122), *Conyza canadensis* (r, 122), *Solanum nigrum* (r, 122), *Vitis vinifera* (r, 125), *Hedera helix* (r, 125), *Coriaria myrtifolia* (r, 125), *Celtis australis* (r, 131), *Anagallis arvensis* (r, 124), *Verbena officinalis* (r, 124), *Oxalis corniculata* (r, 124), *Sanguisorba minor* (r, 124), *Campanula dichotoma* (r, 124), *Ailanthus mollis* (r, 124), *Hyoscyamus albus* (+, 113)

Groupe B3 - Groupement à *Phagnalon sordidum* et *Hyoseris radiata* subsp. *lucida*

Autres espèces (présence une fois): *Arisarum vulgare* (+, 111), *Acanthus mollis* (r, 109), *Senecio leucanthemifolius* s.l. (r, 109), *Lavatera olbia* (r, 53), *Narcissus tazetta* (+, 111), *Oxalis pes-caprae* (+, 111), *Torilis arvensis* s.l. (r, 109), *Hedera helix* (r, 118), *Chrysanthemum fontaneseii* (r, 53), *Vitex agnus castus* (r, 1), *Celtis australis* (r, 130), *Vincetoxicum officinale* (+, 118), *Cakile aegiptiaca* (r, 2)

Groupe C1: Association à *Silene sedoides* et *Limonium minutum* Pons et Quezel 1955

Autres espèces (présence une fois) : *Reichardia picroides* subsp. *picroides* (+, 144), *Catapodium loliaceum* (+, 144), *Urginea fugax* (r, 144), *Parapholis incurva* (+, 144), *Dactylis glomerata* (+, 144), *Glaucium flavum* (r, 144), *Orobanche barbata* (r, 144), *Juncus maritimus* (r, 146), *Juncus acutus* (r, 146)

Groupe E : Groupement à *Crithmum maritimum* et *Hyoseris radiata* subsp. *lucida* Géhu, Kaabèche & Gharzouli 1992

Heliotropium europaeum (r, 17, Ch), *Ecbalium elaternum* (r, 6, Ch), *Sedum sediforme* (r, 116, Ar), *Umbilicus horizontalis* (r, 131, Ar),*Capparis spinosa* (1, 131, Ar), *Pennisetum asperifolium* (r, 116, Ar), *Rubia peregrina* (r, 15, Qi), *Prasium majus* (r, 115, Qi), *Olea europaea* (r, 42, Qi), *Pinus halepensis* (r, 6, Qi), *Smilax aspera* (r, 88, Qi). **Autres espèces** (présence une fois): *Opuntia maxima* (r, 88), *Parapholis incurva* (r, 6), *Phalaris paradoxa* (+, 131), *Euphorbia terracina* (r, 115), *Gladiolus byzantinus* (r, 115), *Oxalis pes-caprae* (+, 114), *Adiantum capillus-veneris* (r, 132), *Allium paniculatum* (+ 116), *Scabiosa atropurpurea* (r, 8), *Centaurea napifolia* (r, 17), *Cynodon dactylon* (+, 17), *Atriplex patula* (r, 17), *Stachys ocymastrum* (r, 17), *Putoria calabrica* (r, 15), *Chrysanthemum myconis* (r, 15)

Groupe F : *Dauco-Asteriscetum maritimi* Wojterski 1985 (incl. Géhu, Kaabèche et Gharzouli 1992)

Autres espèces (présence une fois): *Orobanche barbata* (r,30), *Vitex agnus castus* (r,138), *Avena sterilis* (+, 96), *Delphinium peregrinum* (r,138), *Pteridium aquilinum* (+,32), *Scabiosa atropurpurea* (+, 32), *Rumex pulcher* (r,30), *Hypochaeris achyrophorus* (r,103), *Genista numidica* (r, 137), *Rumex bucephalophorus* subsp. *gallicus* (r, 89), *Solanum nigrum* (r,102), *Anagallis arvensis* (r,102), *Anacyclus clavatus* (1, 87), *Silene imbricata* (r,89), *Cakile aegyptiaca* (+,138), *Gladiolus byzantinus* (r,89), *Silene colorata* subsp. *pubicalycina* (+,89), *Romulea bulbocodium* (+,89), *Paronychia argentea* (+,89), *Agropyron junceum* (+,91)

ANNEXE 3

ANNEXE 3(1) – Répertoire des lichens du parc national de Gouraya par stations (REBBAS et *al.*, 2011)

Station n° 1 : Cap Carbon
Parcelle d'échantillonnage n°1 :
Date de la sortie : 26/03/2008
Altitude (m) : 203
Coordonnées Lambert : N36°46'03,3" et E05°05'49,5"
Auteurs : Touazi & Rebbas
Fulgensia fulgens (Swartz) Elenkin, *Lecanora muralis* (Schreber.) Rabenh., *Lepraria incana* (L.) Ach., *Lecidella alaiensis* (Vain) Hertel
Parcelle d'échantillonnage n°2 :
Date de la sortie : 26/03/2008
Altitude (m) : 235
Coordonnées Lambert : N36°46'12,4" et E05°06'04,9"
Auteurs : Touazi & Rebbas
Xanthoria parietina (L.) Th. Fr., *Collema tenax* (Swartz) Ach., *Candelariella vitellina* (Hoffm.) Müll. Arg.
Parcelle d'échantillonnage n°3 : Après le tunnel du Cap Carbon
Date de la sortie : 26/03/2008
Altitude (m) : 234
Coordonnées Lambert : N36°46'12,4" et E05°06'04,9"
Auteurs : Touazi & Rebbas
Collema auriforme (With.) Coppins et Laundon , *Caloplaca erythrocarpa* (Pers.) Zwackh., *Collema crispum* (Huds.) Weber ex Wigg. , *Collema flaccidum* (Ach.) Ach.
Parcelle d'échantillonnage n°4 : Sentier de la pointe Noire
Date de la sortie : 26/03/2008

Altitude (m) : 98

Coordonnées Lambert : N 36° 46´ 12,8 ˝ et E 05° 06´ 14,5˝

Auteurs : Touazi & Rebbas

Collema auriforme (With.) Coppins et Laundon

Parcelle d'échantillonnage n°5 :

Date de la sortie : 26/03/2008

Altitude (m) : 33

Coordonnées Lambert : N36°45'44,4" et E05°06'05,8 ''

Auteurs : Touazi & Rebbas

Xanthoria parietina (L.) Th. Fr., *Pertusaria albescens* (Huds.) Choisy et Werner, *Collema tenax* (Swartz) Ach., *Aspicilia radiosa* (Hoffm.) Poelt., *Lecanora atra* (Huds.) Ach.

Parcelle d'échantillonnage n°6 :

 Date de la sortie : 26/03/2008

Altitude (m) :13

Coordonnées Lambert : N36°45'40,8" et E05°06'08,8"

Auteurs : Touazi & Rebbas

Physcia adscendens (Fr.) Oliv., *Collema tenax* (Swartz) Ach., *Caloplaca aurantia* (Pers.) J. Steiner, *Candelariella vitellina* (Hoffm.) Müll. Arg., *Acarospora fuscata* (Nyl.) Th. Fr.

Parcelle d'échantillonnage n°7 :

Date de la sortie : 26/03/2008

Altitude (m) :13

Coordonnées Lambert : N36°45'40,8" et E05°06'08,8"

Auteurs : Touazi & Rebbas

Pertusaria albescens (Huds.) Choisy et Werner., *Lecanora atra* (Huds.) Ach.

Parcelle d'échantillonnage n°8 :

 Date de la sortie : 26/03/2008

Altitude (m) :13

 Coordonnées Lambert : N36°45'40,8" et E05°06'08,8"

Auteurs : Touazi & Rebbas

Pertusaria albescens (Huds.) Choisy et Werner, *Lecidella elaeochroma* (Ach.) Choisy, *Caloplaca chalybaea* (Fr.) Müll. Arg. *Xanthoria parietina* (L.) Th. Fr.

Parcelle d'échantillonnage n°9 :

Date de la sortie : 26/03/2008

Altitude (m) : 24

 Coordonnées Lambert : N36°45'38,2" et E05°06'16,7"

Auteurs : Touazi & Rebbas

Xanthoria parietina (L.) Th. Fr., *Caloplaca aurantia* (Pers.) J. Steiner, *Caloplaca armore* (Hoffm.)

Th. Fr., *Lepraria incana* (L.) Ach.

Parcelle d'échantillonnage n°10 :

Date de la sortie : 27/03/2008

Altitude (m) : 207

Coordonnées Lambert : N36°46'31,4" et E05°03'03,7"

Auteurs : Touazi & Rebbas

Xanthoria parietina (L.) Th.Fr. , *Caloplaca thallincola* (Wedd.) Du Rietz, *Leptogium lichenoides* (l.) Zahlbr., *Dermatocarpon* sp., *Fulgensia fulgens* (Swartz) Elenkin, *Physcia leptalea* (Ach.) DC., *Psora opaca* (Duf.) Massal.

Parcelle d'échantillonnage n°11 : Versant Nord-Ouest de Dj. Gouraya

Date de la sortie : 27/03/2008

Altitude (m) : 137

Coordonnées Lambert : N36°46'47,91" et E05°02'53,3"

Auteurs : Touazi & Rebbas

Lecidella alaiensis (Vain) Hertel, *Caloplaca aurantia* (Pers.) J. Steiner, *Collema tenax* (Swartz) Ach., *Rhizocarpon umbilicatum* (Ram.) Jatta, *Xanthoria parietina* (L.) Th. Fr., *Acarospora umbilicata* Bagl.

Parcelle d'échantillonnage n°12 : Versant Nord-Ouest de Dj. Gouraya

Altitude (m) : 91

Coordonnées Lambert : N36°46'52,7" et E05°02'59,4"

Auteurs : Touazi & Rebbas

Roccella phycopsis Ach. , *Dirina repanda* (Ach.) Fr.

Parcelle d'échantillonnage n°13 : Versant Nord-Ouest de Dj. Gouraya

Date de la sortie : 27/03/2008

Altitude (m) : 45

Coordonnées Lambert : N36°46'51,1" et E05°03'09,6"

Auteurs : Touazi & Rebbas

Cladonia pyxidata (L.) Hoffm., *Cladonia fimbriata* (L.) Fr., *Cladonia rangiformis* Hoffm

Parcelle d'échantillonnage n°14 : Loubard (oued)

Date de la sortie : 03/04/2008

Altitude (m) : 300

Coordonnées Lambert : N36°46'48,1" et E05°00'48,6"

Auteurs : Touazi & Rebbas

Xanthoria parietina (L.) Th. Fr., *Buellia punctata* (Hoffm.) Massal., *Rhizocarpon umbilicatum* (Ram.) Jatta, *Acarospora fuscata* (Nyl.) Th. Fr., *Aspicilia calcarea* (L.) Mudd

Parcelle d'échantillonnage n°15 : Pointe Mezaïa

Date de la sortie :03/04/2008

Altitude (m) : 08

Coordonnées Lambert : N36°48'19,6" et E05°00'48,2"

Auteurs : Touazi & Rebbas

Xanthoria parietina (L.) Th. Fr., *Caloplaca aurantia* (Pers.) J. Steiner, *Acarospora fuscata* (Nyl.) Th. Fr., *Aspicilia radiosa* (Hoffm.) Poelt

Parcelle d'échantillonnage n°16 : Boulimat

Date de la sortie : 03/04/2008

Altitude (m) : 29

Coordonnées Lambert : N36°48'39,5" et E04°59'12,9"

Auteurs : Touazi & Rebbas

Caloplaca ferruginea (Hudson) Th. Fr.

Station n° 5 : Djebel Gouraya

Parcelle d'échantillonnage n°17 : Plateau des Ruines

Date de la sortie : 03/04/2008

Altitude (m) : 488

Coordonnées Lambert : N36°46'06,2" et E05°05'02,9"

Auteurs : Touazi & Rebbas

Ramalina farinacea (L.) Ach, *Ramalina polymorpha* (Ach.) Ach. , *Xanthoria parietina* (L.) Th. Fr., *Lecanora carpinea* (L.) Vainio., *Physcia adscendens* (Fr.) Oliv., *Lecidella elaeochroma* (Ach.) Choisy., *Aspicilia radiosa* (Hoffm.) Poelt., *Aspicilia calcarea* (L.) Mudd., *Caloplaca ferruginea* (Hudson) Th. Fr., *Caloplaca aurantia* (Pers.) J. Steiner., *Lecanora carpinea* (L.) Vainio. , *Evernia prunastri* (L). Ach.

Parcelle d'échantillonnage n°18 : Au dessus du siège du PNG

Date de la sortie : 03/04/2008

Altitude (m) : 224

Coordonnées Lambert : N36°45'46,4" et E05°05'13,9"

Auteurs : Touazi & Rebbas

Physcia adscendens (Fr.) Oliv., *Xanthoria parietina* (L.) Th. Fr., *Physcia adscendens* (Fr.) Oliv., *Physcia leptalea* (Ach.) DC., *Caloplaca ferruginea* (Hudson) Th. Fr.

Parcelle d'échantillonnage n°19 : Fort Gouraya ; versant Nord de Dj Gouraya

Date de la sortie : 03/04/2008

Altitude (m) : 638

Coordonnées Lambert : N36°46'15,9" et E05°04'56,7"

Auteurs : Touazi & Rebbas

Teloschistes chrysophtalmus (L.) Th. Fr., *Acarospora sinopica* (Wahlenb.) Körber, *Squamarina cartilaginea* (With.) P. James, *Xanthoria parietina* (L.) Th. Fr., *Caloplaca aurantia* (Pers.) J. Steiner., *Rhizocarpon umbilicatum* (Ram.) Jatta., *Physcia adscendens* (Fr.) Oliv., *Acarospora umbilicata* Bagl., *Aspicilia caesiocinerea* (Nyl. Ex Malbr.) Arnold, *Cladonia foliacea* (Huds.) Willd., *Lecanora allophana* (Ach.) Nyl., *Lecanora argentata* (Ach.) Malme, *Lecanora chlarotera* Nyl., *Lecidella elaeochroma* (Ach.) Choisy

Légende des illustrations de l'annexe 5 (2)

(photos 1, 2, 3, 4, 5, 6, 7, 8, 9, 10, 17, 18, 19, 20, 21, 22, 23, 24,26, 27, 28, 29, 30, 32, 33, 35, 36, 37, 38, 41, 42, 43, 44, 45, 46, 47, 48, 49, 50 : K. Rebbas, 2008 ; photos 11, 15, 25, 31, 34, 39, 40 : E. Véla, 2004).

1. *Lepraria incana* (L.) Ach, **2.** *Physcia adscendens* (Fr.) Oliv., **3.** *Buellia punctata* (Hoffm.) Massal, **4.** *Xanthoria parietina* (L.) Th. Fr., **5.** *Roccella phycopsis* Ach., **6.** *Squamarina cartilaginea* (With.) P. James, **7.** *Teloschistes chrysophtalmus* (L.) Th. Fr., **8.** *Ramalina farinacea* (L.) Ach., **9.** *Lecanora allophana* (Ach.) Nyl., **10.** *Cladonia pyxidata* (L.) Hoffm., **11.** *Collema auriforme* (With.) Coppins et Laundon, **12.** *Lecanora muralis* (Schreber.) Rabenh., **13.** *Acarospora fuscata* (Nyl.) Th. Fr., **14.** *Acarospora umbilicata* Bagl., **15.** *Lecanora chlarotera* Nyl. , **16.** *Aspicilia armorea* (L.) Mudd, **17.** *Acarospora armorea* (Wahlenb.) Körber, **18.** *Aspicilia caesiocinerea* (Nyl. Ex Malbr.) Arnold, **19.** *Aspicilia radiosa* (Hoffm.) Poelt., **20.** *Caloplaca aurantia* (Pers.) J. Steiner, **21.** *Caloplaca chalybaea* (Fr.) Müll. Arg., **22.** *Caloplaca armore* (Hoffm.) Th. Fr., **23.** *Caloplaca erythrocarpa* (Pers.) Zwackh., **24.** *Caloplaca ferruginea* (Hudson) Th. Fr., **25.** *Collema crispum* (Huds.) Weber ex Wigg., **26.** *Caloplaca thallincola* (Wedd.) Du Rietz, **27.** *Candelariella vitellina* (Hoffm.) Müll. Arg., **28.** *Cladonia fimbriata* (L.) Fr., **29.** *Cladonia rangiformis* Hoffm., **30.** *Cladonia foliacea* (Huds.) Willd., **31.** *Collema flaccidum* (Ach.) Ach., **32.** *Collema cristatum* (L.) Weber ex Wigg., **33.** *Collema tenax* (Swartz) Ach., **34.** *Fulgensia fulgens* (Swartz) Elenkin, **35.** *Dirina repanda* (Ach.) Fr., **36.** *Evernia prunastri* (L). Ach., **37.** *Lecanora albella* (Pers.) Ach, **38.** *Lecanora atra* (Huds.) Ach., **39.** *Verrucaria armoreal* (Scop.) Arnold, **40.** *Lecidella elaeochroma* (Ach.) Choisy., **41.** *Lecanora argentata* (Ach.) Malme, **42.** *Lecanora carpinea* (L.) Vainio, **43.** *Lecidella alaiensis* (Vain) Hertel, **44.** *Leptogium lichenoides* (I.) Zahlbr, **45.** *Pertusaria albescens* (Huds.) Choisy et Werner, **46.** *Physcia leptalea* (Ach.) DC., **47.** *Rhizocarpon umbilicatum* (Ram.) Jatta, **48.** *Ramalina polymorpha* (Ach.) Ach. **49.** *Dermatocarpon* sp., **50.** *Psora opaca* (Duf.) Massal.

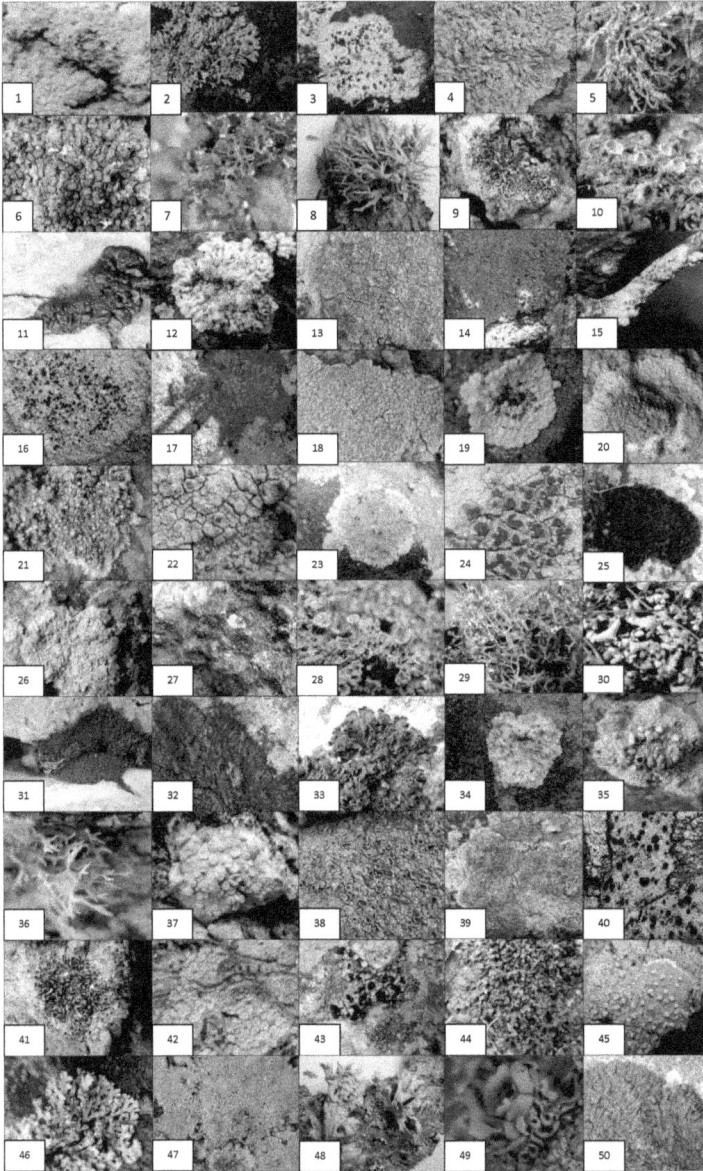

Annexe 3 (2) _ Photos des lichens du Parc National de Gouraya

ANNEXE 3(3)- Tableaux des groupements végétaux du PNG

Groupement (1) à *Populus alba*

N° Relevés	49	50	55	
Altitude (m)	60	90	70	
Exposition	N	N	N	Fr.
Pente (%)	20	30	30	ab.
Nature du substrat	Ca	Ca	Si	
Recouvrement global (%)	70	80	70	
Surface (200m X 10m)				

Caractéristiques des *Populetalia albae* Br.-Bl. 1931

Populus alba	3	3	2	3
Fraxinus angustifolia	2	2	1	3
Ulmus campestris	.	1	2	2
Arum italicum	+	.	.	1
Vitis vinifera	.	.	.	1

Caractéristiques des *Querco-Fagetea* Br.-Bl. Et VI., 1937

Ficaria verna	+	2	.	2
Crataegus monogyna	1	1	.	2
Prunus avium	+	.	.	1
Geranium robertianum	.	+	.	1
Tamus communis	.	+	.	1

Transgressives des *Quercetea ilicis* Br.-Bl., 1947 et syntaxons subordonnés

Quercus coccifera	2	+	+	3
Ampelodesma mauritanicum	2	1	2	3
Myrtus communis	2	2	+	3
Pinus halepensis	2	1	1	3
Clematis flammula	1	1	2	3
Clematis cirrhosa	1	1	+	3
Smilax aspera	3	3	2	3
Rosa sempervirens	2	2	2	3
Phyllirea media	2	+	1	3
Arisarum vulgare	2	2	+	3
Olea europaea	1	1	+	3
Pistacia lentiscus	1	2	1	3
Asparagus acutifolius	1	+	+	3
Daphne gnidium	1	+	+	3
Rhamnus alaternus	1	2	.	2
Ficus carica	+	.	+	2
Rubia peregrina	+	2	.	2
Lonicera implexa	1	1	.	2
Bupleurum fruticosum	1	.	.	1
Ceratonia siliqua	+	.	.	1
Viburnum tinus	1	.	.	1

213

Autres espèces

Rubus ulmifolius	1	2	2	3
Coriaria myrtifolia	1	2	1	3
Calycotome spinosa	1	+	1	3
Daucus carota	+	+	1	3
Chrysanthemum fontanesii	1	1	+	3
Nerium oleander	2	.	1	2
Erica multiflora	+	1	.	2
Galactites tomentosa	+	+	.	2
Inula viscosa	.	1	+	2
Cistus monspeliensis	.	+	+	2
Mentha rotundifolia	.	+	+	2
Psoralea bituminosa	+	.	+	2
Scabiosa atropurpurea	.	.	+	1
Arundo donax	1	.	.	1
Petasites fragrans	2	.	.	1
Punica granatum	.	+	.	1

Groupement (2) : Association à *Bupleuro fruticosi-Euphorbietum dendroidis* Géhu et alii 1992

Groupement	2a												2b : bupleuretosum plantaginei, nov. Subassoc. (typus hic designatus : rel. 41)					
Numéro du relevé	42	12	10	11	4	43	39	40	38	27	36	37	41	46	47	44	14	Fr.
Altitude (m)	240	250	40	200	100	100	35	40	100	650	40	160	35	40	45	10	30	ab.
Exposition	SE	SE	NE	SE	SE	SE	SE	SE	SE	SE	S	S	NE	N	N	N	N	
Pente (%)	50	40	40	35	30	60	50	60	30	40	45	20	60	70	60	30	40	
Nature du substrat	Ca	Ca	Ca	Ca	Ca	Ca	Ca	Ca	Ca	Ca	Ca	Ca	Ca	Ca	Ca	Ca	Ca	
Recouvrement global (%)	70	70	90	80	70	70	70	50	70	50	90	90	70	60	70	70	90	
Surface (m²)	100	100	100	100	100	100	100	100	100	100	100	100	100	100	100	100	100	
Caractéristiques du *Bupleuro-Euphorbietum dendroidis* Géhu et alii 1992																		
Euphorbia dendroides	2	3	1	2	+	1	4	1	3	1	.	.	2	2	2	4	2	15
Olea europaea	4	3	4	2	1	3	3	2	3	1	4	4	3	.	.	.	.	13
Prasium majus	+	+	+	1	.	+	+	.	+	+	1	1	+	+	.	.	2	12
Bupleurum fruticosum	.	.	+	1	+	2	.	.	.	+	+	.	2	1	.	1	2	9
Différencielles des groupements																		
Ruscus hypophyllum	1	1	1	1	+	.	.	.	.	.	.	1	+	.	+	1	+	8
Asparagus albus	1	+	+	+	+	+	2	.	.	.	.	.	.	.	.	.	.	7
Anagyris foetida	1	+	+	1	1	1	.	.	.	.	.	.	.	.	.	.	.	6
Opuntia ficus-indica	1	+	.	.	.	.	+	.	.	.	.	.	.	.	.	.	.	3
Asphodelus aestivus	+	+	.	.	.	.	.	.	.	.	.	.	.	.	+	.	.	3
Bupleurum plantagineum	.	.	.	.	.	.	.	.	.	.	.	.	2	1	.	.	2	3
Erica multiflora	.	.	.	.	.	.	.	.	+	.	.	.	+	.	.	.	2	3
Asteriscus maritimus	+	.	.	.	.	.	.	.	.	.	.	.	+	.	1	1	.	2
Matthiola incana	.	.	.	.	.	.	.	.	.	.	.	.	.	.	1	1	.	2

215

Caractéristiques des l' Oleo-Ceratonion Br.-Bl. 1936

	2	2	3	3	2	2	2	2	1	2	2	3	1	1	2	1	
Pistacia lentiscus	2	2	3	3	2	2	2	2	.	2	2	3	1	1	2	1	16
Ceratonia siliqua	2	1	.	1	1	.	+	1	1	1	+	1	.	.	+	+	12
Ampelodesma mauritanicum	.	.	+	.	+	1	1	.	1	.	1	1	2	2	.	1	10
Teucrium fruticans	1	1	.	1	.	1	+	1	.	+	+	1	.	1	.	+	10
Chamaerops humilis	.	+	.	.	.	+	+	.	.	.	.	+	3	3	+	.	7

Caractéristiques des Pistacio-Rhamnetalia alaterni RIV.-MAR.,1975

	.	3	.	+	+	2	+	2	2	1	1	1	1	2	1	1	
Myrtus communis	.	3	.	+	+	2	+	2	1	+	1	1	1	2	.	1	12
Jasminum fruticans	1	1	.	.	.	.	1	1	1	+	+	.	+	.	.	.	8
Rhamnus lycioides	1	1	.	.	+	+	.	1	1	+	.	.	1	+	.	.	8
Pinus halepensis	.	.	.	4	2	.	2	+	.	.	+	.	.	.	.	2	6
Juniperus phoenicea	+	.	+	+	+	+	3	+	.	.	.	+	+	.	.	.	6
Rubia peregrina	.	.	+	.	.	.	.	.	.	+	.	+	1	+	+	.	6
Coronilla juncea	+	.	+	.	.	+	.	.	.	.	.	.	+	.	+	+	6
Quercus coccifera	.	.	.	.	1	.	.	1	.	.	.	.	.	.	1	.	3
Clematis flammula	.	.	.	.	.	.	.	+	.	+	+	.	.	.	.	.	2

Caractéristiques des Quercetea ilicis Br.-Bl., 1947

	3	2	3	4	2	1	2	2	3	3	3	4	1	4	2	4	
Phillyrea media	3	2	3	4	2	1	2	2	3	3	3	4	1	4	2	4	15
Asparagus acutifolius	+	+	+	+	+	+	1	+	+	+	+	+	+	+	+	+	13
Smilax aspera	.	1	1	+	1	.	.	.	.	1	1	1	.	+	1	+	7
Lonicera implexa	.	.	.	.	.	.	.	.	.	+	.	.	.	.	.	.	1
Rosa sempervirens	.	.	.	.	.	.	.	.	+	.	.	.	.	.	.	.	1
Juniperus oxycedrus	.	.	1	.	.	1	.	.	.	.	.	.	.	.	.	.	1

Caractéristiques des Rosmarinetea officinalis Br.-Bl., 1947

	1	+	1	+	.	.	2	.	.	.	.	.	1	2	4		
Ruta chalepensis	1	+	1	+	.	.	1	.	.	.	.	1	1	2	.	.	9
Helichrysum staechas	.	.	.	.	.	+	.	.	.	+	+	+	+	1	+	+	7
Fumana thymifolia	.	.	.	.	.	+	1	.	.	+	.	.	.	.	.	.	4

Espèce											Présence
Pallenis spinosa	.	.	.	.	.	.	.	+	+	+	4
Cistus monspeliensis	.	+	+	.	.	.	.	.	.	+	3

Caractérisqtiques des *Stellarietea mediae*

Espèce											Présence
Blackstonia perfoliata	.	.	+	.	.	+	+	.	+	+	6
Galactites tomentosa	.	.	.	+	.	+	+	.	+	.	3
Fumaria capreolata	.	.	.	.	.	+	.	.	.	.	1
Daucus carota	.	.	.	.	.	.	+	.	.	.	1

Caractéristiques des *Asplenietea rupestris* (H.M.) Br.-Bl., 1934

Espèce											Présence
Phagnalon saxatile	1	+	+	+	+	+	+	+	.	+	10
Sedum sediforme	1	+	.	+	+	+	1	.	+	.	9
Polypodium vulgare	1	+	+	.	.	.	.	+	.	.	4

Autres espèces

Espèce											Présence
Lobularia maritima	1	+	.	+	1	1	1	+	1	+	11
Viburnum tinus	.	+	+	1	+	.	.	1	.	1	+	8
Calycotome spinosa	.	.	+	.	.	.	.	.	.	.	6
Capparis spinosa	.	+	+	.	1	3	.	+	+	1	+	6
Genista ferox	.	+	.	+	.	.	.	+	1	1	+	5
Sinapis arvensis	+	+	.	.	.	.	.	.	.	.	4
Linum corymbiferum	.	.	+	.	+	.	+	+	.	.	3
Centranthus ruber	.	.	+	.	.	+	.	.	+	+	3
Asplenium adiantum-nigrum	.	+	.	.	.	.	.	.	.	+	2
Convolvulus tricolor	.	+	.	.	.	.	.	.	.	+	2
Ophrys lutea	.	.	.	+	.	.	.	.	.	.	1
Galium tunetanum	.	.	.	.	.	+	.	.	.	.	1
Orchis patens	.	.	.	+	.	.	.	.	.	.	1
Orchis anthropophora	.	.	.	+	.	.	.	.	.	.	1
Pancratium foetidum	+	.	.	.	.	.	+	.	.	.	1
Rubus ulmifolius	.	.	.	.	.	.	.	.	.	.	1

217

Groupement (3) : Association à *Erico arboreae-Pinetum halepensis* Brakchi, 1998

Sous-association à *Ampelodesmetum mauritanicae* Brakchi, 1998

N° Relevés	20	29	30	48	53	54	56	
Altitude (m)	50	150	40	250	340	280	150	Fr.
Exposition	N	N	N	N	N	S	N	ab.
Pente (%)	10	20	20	30	40	40	30	
Nature du substrat	Si	Si	Si	Si	Si	Si	Si	
Recouvrement global (%)	70	70	70	80	90	70	70	
Surface (m²)	100	100	100	100	100	100	100	
Espèces caractéristiques et différencielles de l'association et de sous association								
Ampelodesma mauritanicum	4	4	2	2	1	2	3	7
Erica arborea	2	1	3	3	4	2	3	7
Pinus halepensis	+	1	+	1	1	2	+	7
Quercus coccifera	+	1	1	+	1	+	1	7
Arbutus unedo	.	.	.	.	2	.	1	2
Caractéristiques des *Quercetea ilicis* Br.-Bl., 1947 et syntaxons subordonnés								
Myrtus communis	1	+	1	1	+	+	2	7
Phillyrea media	1	1	3	1	2	+	2	7
Pistacia lentiscus	1	1	2	2	3	1	2	7
Genista tricuspidata	+	1	2	2	3	1	2	7
Smilax aspera	+	.	+	1	2	+	+	6
Asparagus acutifolius	+	.	+	+	1	.	.	4
Daphne gnidium	.	.	+	1	1	+	.	4
Rosa sempervirens	.	.	.	1	2	+	.	3
Quercus suber	.	.	+	+	2	.	.	3
Olea europaea	.	+	.	.	.	+	.	2
Melica minuta	.	.	.	+	1	.	.	2
Prasium majus	.	+	.	.	.	.	.	1
Viburnum tinus	.	.	.	.	2	.	.	1
Rhamnus alaternus	.	.	.	+	.	.	.	1
Caractéristiques des *Rosmarinetea officinalis* Br.-Bl., 194								
Cistus monspeliensis	2	2	1	1	+	4	2	7
Calycotome spinosa	+	1	2	2	1	1	2	7
Cistus salvifolius	.	.	.	1	1	+	+	7
Globularia alypum	1	.	.	.	+	.	.	2
Helichrysum staechas	.	.	+	.	.	.	.	1
Phagnalon saxatile	.	+	.	.	.	.	.	1
Autres espèces								
Pinus maritima	.	.	.	+	1	.	3	3
Linum corymbiferum	+	+	+	.	.	.	.	3

Daucus carota	.	+	+	.	.	.	+	3
Eryngium tricuspidatum	.	.	.	.	+	.	+	2
Crataegus monogyna	.	.	.	+	+	.	.	2
Scabiosa maritima	.	+	+	.	.	.	.	2
Chrysanthemum fontanesii	.	.	+	1	.	.	.	2
Galactites tomentosa	.	+	.	.	.	.	+	2
Psoralea bituminosa	.	.	+	.	.	.	.	1
Genista ferox	.	+	.	.	.	.	.	1
Centranthus angustifolius	.	.	+	.	.	.	.	1
Foeniculum vulgare	.	.	.	.	.	1	.	1
Ophrys tenthredinifera	.	.	+	.	.	.	.	1
Eucalyptus globulus	.	.	.	.	.	.	+	1
Ophrys apifera	.	.	+	.	.	.	.	1
Daucus reboudii	.	.	.	.	+	.	.	1
Genista vepres	.	.	.	.	+	.	.	1
Serapias parviflora	.	+	.	.	.	.	.	1
Genista ulicina	.	.	+	.	.	.	.	1
Phalaris paradoxa	.	.	.	+	.	.	.	1
Cupressus sempervirens	.	.	.	.	.	.	+	1

Groupement (4) à *Lavatera olbia* et *Rubus ulmifolius*

N° Relevés	7	6	5	
Altitude (m)	35	40	50	
Exposition	N	N	N	Fr.
Pente (%)	40	40	50	ab.
Nature du substrat	Ca	Ca	Ca	
Recouvrement global (%)	90	70	90	
Surface (m²)	100	100	100	

Caractéristiques et différentielles d'association

Lavatera olbia	4	2	4	3
Rubus ulmifolius	1	+	.	2
Vitis vinifera	+	+	.	2
Inula viscosa	.	+	.	1

Caractéristiques de l'*Oleo-Ceratonion* Br.-Bl. 1936.

Ampelodesma mauritanicum	1	4	1	3
Pistacia lentiscus	2	1	+	3
Olea europaea	.	2	+	2
Teucrium fruticans	+	.	+	2
Chamaerops humilis	+	.	.	1
Ceratonia siliqua	.	+	.	1

Caractéristiques des *Pistacio-Rhamnetalia alaterni* Riv.-Mar., 1975

Myrtus communis	2	1	2	3
Bupleurum fruticosum	.	.	3	1
Quercus coccifera	.	.	1	1
Clematis flammula	1	.	.	1

Caractéristiques des *Quercetea ilicis* Br.-Bl., 1947

Ruscus hypophyllum	1	2	1	3
Smilax aspera	1	1	1	3
Lonicera implexa	+	+	+	3
Rubia peregrina	+	+	+	3
Asparagus acutifolius	+	+	+	3
Rosa sempervirens	1	+	.	2
Phillyrea media	1	3	.	2
Arbutus unedo	+	.	2	2
Melica pyramidalis	+	.	.	1

Caractéristiques des *Rosmarinetea officinalis* Br.-Bl., 1947

Pallenis spinosa	+	+	+	3
Helichrysum staechas	.	+	+	2
Cistus salvifolius	.	.	1	1

Caractéristiques des *Stellarietea mediae*

Daucus carota	+	+	+	3
Blackstonia perfoliata	+	+	.	2
Galactites tomentosa	.	.	+	1

Autres espèces

Chrysanthemum fontanesii	1	.	1	2
Viburnum tinus	+	1		2
Scabiosa maritima	+		+	2
Solanum nigrum	+	+	.	2
Ammi majus	+	+	.	2
Matthiola incana	.	+	.	1
Gladiolus segetum	.	+	.	1
Convolvulus tricolor	.	.	+	1
Sinapis arvensis	.	.	+	1
Genista ferox	.	.	+	1
Linum corymbiferum	.	.	+	1
Asplenium adiantum-nigrum	.	+	.	1
Acanthus mollis	+	.	.	1
Hedera helix	+	.	.	1
Urtica membranacea	.	+	.	1
Lagurus ovatus	.	+	.	1
Phyllitis sagittata	.	+	.	1
Centranthus angustifolius	+	.	.	1

Groupement (5) : Matorral élevé à *Pinus halepensis*

N° Relevés	8	35	19	23	21	18	32	22	15	3	9	13	
Altitude (m)	250	60	600	250	400	600	350	230	35	200	160	200	
Exposition	SE	S	S	N	S	N	N	S	N	S	SE	SE	Fr.
Pente (%)	30	60	45	20	20	40	30	30	35	20	20	20	ab.
Nature du substrat	Ca	Ca	Ca	Ca	Ca	Ca	Ca	Ca	Ca	Si/Ca	Ca	Si/Ca	
Recouvrement global (%)	70	70	80	90	90	70	70	90	90	90	80	70	
Surface (m²)	100	100	100	100	100	100	100	100	100	100	100	100	

Caractéristiques des *Pistacio-Rhamnetalia alaterni* Riv.-Mar., 1975

Pinus halepensis	4	4	4	4	3	2	2	4	1	+	+	1	12
Ampelodesma mauritanicum	1	1	2	3	3	2	3	3	+	.	1	.	10
Quercus coccifera	2	1	2	1	1	3	.	+	2	3	.	2	10
Myrtus communis	.	1	+	2	1	.	1	1	2	1	1	+	10
Bupleurum fruticosum	2	2	2	+	.	2	.	.	+	.	1	+	8
Ceratonia siliqua	+	+	+	+	.	.	.	+	.	.	+	.	6
Prasium majus	.	.	+	+	.	.	.	+	.	+	+	+	6
Clematis flammula	.	+	.	.	+	.	.	.	+	.	.	+	4
Jasminum fruticans	.	.	+	.	.	+	.	.	.	.	2	+	4
Rhamnus lycioides	.	.	1	+	.	1	.	.	.	.	.	.	3
Coronilla juncea	+	.	.	+	.	+	.	.	.	.	.	.	3

Caractéristiques des *Quercetea ilicis* Br.-Bl., 1947

Pistacia lentiscus	2	2	2	3	1	2	1	3	2	1	1	2	12
Phillyrea media	2	2	2	2	1	2	.	+	3	2	2	3	11
Asparagus acutifolius	+	+	+	+	.	+	.	1	1	+	.	+	9
Viburnum tinus	+	.	+	+	.	+	.	.	1	2	+	1	8
Rubia peregrina	.	+	.	+	+	+	.	+	+	+	.	+	8
Lonicera implexa	.	.	.	+	.	+	.	1	+	+	1	+	7
Arbutus unedo	.	.	.	1	.	1	1	+	4	.	.	+	6
Smilax aspera	+	1	+	1	.	.	+	.	.	.	1	.	6
Olea europaea	+	1	+	.	+	.	.	.	.	.	1	1	6
Rosa sempervirens	.	.	.	.	.	.	.	+	+	+	1	+	5
Ruscus hypoglossum	.	.	+	.	.	+	.	.	1	2	.	1	5
Melica pyramidalis	.	.	+	.	.	+	.	.	.	.	.	.	2
Daphne gnidium	.	.	.	.	+	.	.	+	.	.	.	.	2

Caractéristiques des *Rosmarinetea officinalis* Br.-Bl., 1947

Cistus monspeliensis	1	1	2	2	+	1	.	.	+	.	.	+	8
Phagnalon saxatile	+	+	+	+	+	.	.	.	.	.	+	+	7
Pallenis spinosa	.	.	.	+	+	.	+	+	.	.	+	+	6
Helichrysum staechas	.	.	+	+	+	+	.	.	.	.	.	+	5
Fumana thymifolia	.	.	+	+	+	.	.	.	.	.	.	.	3
Cistus salvifolius	.	.	+	.	.	1	.	.	.	.	.	.	2

Espèce													Fr.
Teucrium polium			+	+									2
Globularia alypum			+		1								2
Caractéristiques des *Stellarietea mediae*													
Daucus carota	+	+			+		+				1	+	6
Blackstonia perfoliata						+	+	+	+				4
Allium roseum			+		+								2
Inula viscosa											+	+	2
Galactites tomentosa											+		1
Autres espèces													
Linum corymbiferum	+	+		+	+	+	+	+	+		+	+	10
Erica multiflora		+	1	2	2	+	+	+	+				8
Calicotome spinosa	2	2		2	1			+	+		4	1	8
Teucrium fruticans	+	1	+	1		+		+	+			+	7
Scabiosa maritima				+	+			+			+	+	5
Rubus ulmifolius	+						+				+	+	4
Lobularia maritima			+								+	+	3
Chrysanthemum fontanesii						+	+						2
Ruta chalepensis		+	+										2
Convolvulus althaeoides											+	+	2
Asplenium adiantum-nigrum						+		+					2
Centranthus ruber								+					1
Ophrys bombyliflora							+						1
Sedum nicaeense			+										1
Lavatera maritima												+	1
Juniperus oxycedrus										+			1
Chrysanthemum fontanesii												+	1
Clematis cirrhosa											+		1
Ophrys speculum								+					1
Ammi majus											+		1
Convolvulus sabatius											+		1

Groupement (6) : Association à *Lonicero-Quercetum cocciferae*, Sous- association cocciferetosum Nègre 1964

N° Relevés	2	16	24	26	33	1	28	25	17	31	34	
Altitude (m)	300	400	420	470	200	250	600	450	550	80	260	
Exposition	S	S	SE	S	S	SE	N	S	S	NE	S	Fr.
Pente (%)	35	30	20	20	20	30	50	20	20	25	20	ab.
Nature du substrat	Ca	Ca	Ca	Ca	Ca	Ca	Ca	Ca	Ca	Ca	Ca	
Recouvrement global (%)	70	70	70	60	70	80	70	70	70	70	80	
Surface (m²)	100	100	100	100	100	100	100	100	100	100	100	
Caractéristiques d'association												
Quercus coccifera	3	2	4	3	2	2	2	3	3	1	3	11

Asparagus acutifolius	+	+	1	+	.	1	+	1	1	+	+	10
Rubia peregrina	+	+	+	.	+	+	.	.	+	+	.	7
Lonicera implexa	+	.	.	.	.	+	.	.	+	+	.	5

Différentielles de la sous association

Phillyrea media	1	3	3	3	1	2	2	3	3	1	2	12
Ampelodesma mauritanicum	2	2	2	4	2	1	4	1	2	4	1	12
Rosa sempervirens	+	.	.	.	+	.	.	.	.	.	.	3
Fumana thymifolia	1	+	.	.	.	.	.	.	+	.	.	3
Globularia alypum	+	.	.	.	.	.	.	.	+	.	.	2

Caractéristiques des *Pistacio-Rhamnetalia alaterni* Riv.-Mar., 1975

Bupleurum fruticosum	2	+	1	2	.	2	.	1	1	.	.	8
Ceratonia siliqua	+	1	.	.	1	+	.	.	+	+	.	7
Pinus halepensis	+	.	+	.	+	+	.	+	+	.	1	7
Jasminum fruticans	.	1	1	.	.	.	+	.	+	+	+	7
Coronilla juncea	+	.	.	+	.	+	.	+	+	+	.	7
Prasium majus	.	+	+	.	.	.	+	+	+	+	.	7
Rhamnus lycioides	+	1	+	.	+	.	1	1	+	.	.	7
Myrtus communis	.	+	.	.	+	.	.	.	.	.	.	3

Caractéristiques des *Quercetea ilicis* Br.-Bl., 1947

Pistacia lentiscus	+	2	2	1	2	1	1	2	2	1	+	12
Olea europaea	+	3	+	1	1	1	.	+	1	1	+	12
Smilax aspera	+	+	+	.	+	1	.	.	1	+	.	8
Ruscus hypophyllum	.	.	1	.	.	.	.	+	.	.	1	3
Melica pyramidalis	.	.	.	.	.	.	.	.	.	.	.	3
Daphne gnidium	.	.	.	.	.	.	+	.	.	.	.	1

Caractéristiques des *Rosmarinetea officinalis* Br.-Bl., 1947

Cistus monspeliensis	2	2	+	1	4	2	.	1	2	2	2	10
Phagnalon saxatile	.	+	.	.	.	+	.	.	+	+	+	7
Cistus salvifolius	+	.	.	.	.	.	2	.	1	.	1	4
Pallenis spinosa	.	.	.	.	.	+	.	+	.	.	+	4
Teucrium polium	+	+	.	.	+	.	.	.	.	.	.	3
Helichrysum staechas	+	+	.	.	.	.	.	.	+	.	.	3
Dianthus caryophyllus	.	.	.	.	.	.	+	+	+	.	.	3

Caractéristiques des *Stellarietea mediae*

Daucus carota	.	+	.	+	.	.	+	+	+	+	.	7
Galactites tomentosa	.	+	.	.	.	.	+	+	+	.	.	5
Blackstonia perfoliata	.	.	.	.	.	.	1	+	.	+	.	3

Autres espèces

Calycotome spinosa	1	1	+	2	1	3	2	+	2	.	+	11
Linum corymbiferum	+	+	.	+	.	+	+	+	+	+	+	10
Teucrium fruticans	+	+	1	1	+	+	1	1	+	.	+	10
Scabiosa maritima	.	+	+	+	.	+	.	+	.	.	.	6
Sedum nicaeense	.	+	+	.	.	.	+	+	+	.	.	5
Lobularia maritima	.	+	.	.	.	+	.	.	+	.	+	5

Espèce												Total
Erica multiflora	1	+	.	.	+	+	.	.	.	.	.	4
Sinapis arvensis	.	.	.	.	.	+	.	.	+	+	+	4
Gladiolus segetum	+	.	.	.	.	+	+	.	.	.		3
Viburnum tinus	.	+	.	.	.	+	.	.	.	.		3
Ruta chalepensis	.	+	.	+	.	.	.	+	.	.		3
Inula viscosa	.	.	.	.	.	.	.	.	.	+	+	3
Delphinium peregrinum	.	.	.	.	.	.	+	+	+	.		3
Allium roseum	.	.	.	.	.	.	+	+	+	.		3
Solanum nigrum	.	+	+	.	.	.	.	.	.	.		2
Chrysanthemum fontanesii	.	.	.	.	.	.	.	.	.	+	+	2
Convolvulus althaeoides	.	.	.	.	.	.	.	.	.	+	.	2
Rubus ulmifolius	.	.	.	.	.	.	.	.	+	.	.	2
Convolvulus sabatius	.	.	.	.	.	.	.	.	+	.	.	2
Ammi majus	.	.	.	.	.	.	.	+	.	.	.	2
Lavatera olbia	.	.	.	.	.	.	.	+	+	.	.	2
Campanula dichotoma	.	+	.	.	.	.	.	.	.	.	.	1
Clematis cirrhosa	.	.	.	.	.	.	.	.	.	.	.	1
Ceterach officinarum	.	.	.	.	.	.	+	.	.	.	.	1
Taraxacum officinalis	.	.	.	.	.	.	+	.	.	.	.	1

Groupement (7) à *Asteriscus maritimus* : Association à *Asteriscetum maritimi* Nègre 1964

N° Relevés	45	51	52	
Altitude (m)	2	1,5	2	
Exposition	N	N	N	Fr.
Pente (%)	0	0	0	ab.
Nature du substrat	Qa	Si	Qa	
Recouvrement global (%)	60	50	50	
Surface (m²)	50	25	25	
Asteriscus maritimus	2	3	2	3
Lotus cytisoides	3	2	2	3
Limonium gougetianum	2	1	1	3
Daucus carota	3	+	+	3
Crithmum maritimum	1	1	1	3
Hyoseris radiata	.	+	+	2
Cynodon dactylon	+	.	.	1
Capparis spinosa	1	.	.	1
Juncus maritimus	+	.	.	1
Cyperus rotundus	1	.	.	1

ANNEXE 3(4)

I-Les Carrières d'agrégats (PNG, 2007)

1- CARRIERE : E.N.O.F

Informations administratives

- Intitulé de l'unité :   E.N.O.F – Béjaia –

- Adresse : Adrar Oufarnou. B.P. 265 . Route Liberté Béjaia

- Année de mise en exploitation : 1980

- Autorisation de recherche ou d'exploitation.

- Arrête de renouvellement N° 95/1657 DRAG/SR du 10/10/1995

- Validité : 05 ans (renouvelable)

Informations techniques

Caractéristique du gisement :

- Nature de la substance exploitée : calcaire

- Réserve :   importante

- Méthode d'exploitation : à ciel ouvert par gradins avec utilisation d'explosifs

Informations techniques : année 1996

- Capacité théorique de production : 960 m^3/Jour

- Capacité réelle de production : 550 m^3/Jour

- Superficie : 9 Ha 80 a

- Effectif : 95 personnes

- Cadre : 10 éléments

- Agents de maîtrise : 45 éléments

- Agents d'exécution : 40 éléments

- Nature juridique du terrain en question : Forêt domaniale

- Destination des produits : Vente

2- CARRIERE E.T.R : « ENTREPRISE DES TRAVAUX ROUTIERS »

Informations administratives

- Intitulé de l'unité : E.T.R / Béjaia

- Adresse : B.P. 386 Béjaia
- Année de mise en exploitation : 1978
- Autorisation de recherche ou d'exploitation : Arrêté N° 95/2619DRAG/SR du 30/12/1995
- Validité 03 ans (renouvelables)

Informations techniques

Caractéristiques du gisement

- Nature de la substance exploitée : calcaire
- Réserve : Importante
- Méthode d'exploitation : à ciel ouvert par gradins avec utilisation d'explosifs

Informations techniques : Année 1996

- Capacité théorique de production : 400 m^3/Jour
- Effectifs : 30 éléments
- Cadre : 02 éléments
- Agent de maîtrise : 02 éléments
- Agent d'exécution : 26 éléments
- Superficie : 4 Ha 80 a 84 ca
- Destination du produit : Besoins de l'entreprise

3- CARRIERE : S.N.T.P : « SOCIETE NATIONALE DES TRAVAUX PUBLICS »

Informations administratives

- Intitulé de l'unité : S.N.T.P Béjaia (lieu dit Loubar)
- Adresse : cité Ihaddaden Béjaia
- Année de mise en exploitation : 1987
- Autorisation de recherche ou d'exploitation : Arrêté N° 96/2058 DRAG/SR du 15/10/1996
- Validité : 04 ans (renouvelable)

Informations techniques

Caractéristiques du gisement

- Nature de la substance exploitée : calcaire
- Réserve : importante
- Méthode d'exploitation : à ciel ouvert par gradins avec utilisation d'explosifs

Informations techniques : Année 1996
- Capacité théorique de production : 400 m³/Jour
- Capacité réelle de production : 200 m³/Jour
- Effectifs : 30 éléments
- 01 ingénieur
- Agents de maîtrise : 15 éléments
- Agents d'exécution : 14 éléments
- Destination des produits : besoins de l'entreprise

II – STATION D'ENROBES

Informations administratives
- Intitulé de l'unité : Station d'enrobé de la S.N.T.P (société nationale des travaux publics) Béjaia
- Adresse : Cité Ihaddaden Béjaia
- Localisation de l'unité : Loubar
- Année de mise en exploitation : 1999

Information techniques
- Nature de la substance exploitée : Matériaux d'enrobés (substance : agrégats, liant : bitumes)
- Durée de l'exploitation : 2 à 3 ans
- Effectif : 10
- Equipements utilisés :

Tambour sécheur – malaxeur

Convoyeurs – peseurs d'alimentation

Citernes de stockage des bitumes

Convoyeurs à bandes spéciales pour transport

Production mensuelle envisagée : 4000 à 5000 tonnes

Destination des produits : Revêtements des routes

Situation actuelle :

Après la réunion tenue le 09 janvier 2002 au siège de la Wilaya, portant examen du dossier des carrières et après les lettres interposées entre la direction générale des forêts et la Wilaya de Bejaia il à été décidé de prolonger le délai de renouvellement des arrêtés pour une durée d'une année à compter du 11 mars 2002. Une deuxième prolongation a été demandée, le parc national de Gouraya et la direction générale des forêts avaient émis des avis défavorables.

Plusieurs mises en demeure ont été notifiées aux entreprises respectives afin d'arrêter l'exploitation au plus tard le mois de Mars 2004. Des requêtes ont été déposées près de la chambre administrative de Béjaia (en référé), le juge avait prononcé notre incompétence. D'autres requêtes ont été reformulées pour des poursuites dans le fond. Tout de suite après, le ministère de l'agriculture nous avait demandé de surseoir aux poursuites tout en invitant les 03 carrières à inspecter d'autres sites d'ici le mois de juillet 2005.

Une fois de plus à l'expiration des délais, des mises en demeure ont été adressées à ces dernières en vue de mettre fin aux activités d'exploitation.

A l'expiration des échéances fixées par les mises en demeure ; des requêtes ont été préparées et déposées

Les jugements rendus pour les trois carrières sont comme suit :

- ETR et SNTP : évacuation des lieux.
- ENOF : dossier soumis à expertise.

III- DECHARGE PUBLIQUE DE BOULIMAT

Situation de la décharge

Elle est située au Nord Ouest du Parc dans la zone périphérique. Elle est limitée au nord par la Méditerranée, au sud par la R.N. 24, à l'est, par Adrar

Imoula et à l'ouest par Ighzer n'Sahel. La superficie occupée par la décharge est de 04 Ha environ.

Nature Juridique du Terrain

Le terrain en question appartient à un particulier l'ayant attribué à la commune en sa qualité d'élu dans le temps. Il s'agit donc d'une propriété privée.

Nature des ordures

Les ordures rejetées au niveau de la décharge, sont de type ménagères et industrielles.

- Ménagères : 150 T/24h. (Source : service nettoiement A.P.C)
- Industrielle : Bourbier E.N.C.G + Autre
- Les déchets rejetés sont Incinérés quotidiennement

Choix de terrain

Le transfert de la décharge de Bougie plage à Boulimat a été effectué suite à un arrêté du Wali de la wilaya de Béjaia en 1984.

ANNEXE 4₍₁₎ – Repértoire des plantes utiles de la zone d'étude

Espèce	Propriété therapeutique	Médi.	Alim.	Mell.	Indu.
Acanthus mollis L.	Emolliente, adoucissante, astringente, résolutive	+			
Agave americana L.	Antiseptique, anti-inflammatoire, antiscorbutique, dépurative, diurétiques, laxative	+			+
Agrimonia eupatoria L.	Contre l'ulcération des reins et l'hématurie, en gargarisme contre les maux de gorge. En cataplasmes, contre les foulures, les luxations et les tumeurs	+			
Ailanthus altissima (Mill) Swingle	Feuilles toxiques, écorces=propriétés antihelminthiques, antidiarrheiques	+		+	
Ajuga iva (L.) Schreber.	Dépurative, antidiabétique, réchauffante et vermifuge	+	+		
Allium paniculatum s.l.	utilisée en cataplasmes	+	+		
Allium roseum subsp. *roseum* L.	utilisée en cataplasmes	+	+		
Allium triquetrum L.	Anti-inflammatoire, antiseptique, anti parasitaire	+	+		
Ammi majus L.	Apéritive, carminative, digestive	+			
Anagyris foetida L.	Purgative, fruits toxiques	+			
Anthemis pedunculata Desf.	Antispasmodique et légèrement analgésique	+			
Anthyllis vulneraria L.	Astringente, diurétique, vulnéraire	+			
Arbutus unedo L.	Astringente, sudorifique, antiseptique, dépurative et peu narcotique	+	+	+	
Argania spinosa (L.) Skeels (introduite)	Traitement des peaux sèches, squameuses ou ridées, contre l'acné, les gerçures et les brûlures. Fortifiant et aphrodisiaque	+	+		+
Aristolochia longa L.	Traitement des palpitations de l'aorte, de la constipation des infections intestinales, comme éméto-cathartique, diurétique et alexitère	+			
Artemisia arborescens L.	Emménagogue, anthelminthique, carminative, antimicrobien, diurétique, fébrifuge, tonique, antispasmodique, vermifuge, apéritive	+	+		+
Arum italicum Mill.	Antirhumatismale, détersif, rubéfiant	+			
Arundo donax L.	Antilaiteux, diaphorétique, diurétique	+			+
Asparagus acutifolius L.	Diurétique, tonique, dépurative	+	+	+	

230

Espèce	Propriétés et usages					
Asparagus albus L.	utilisée dans l'ictère et les rhumatismes ; apéritive et stomachique	+		+	+	
Asphodelus microcarpus Salzm et Viv.	Antalgique, antispasmodique, antirhumatismale, détersive	+		+	+	+
Asplenium trichomanes L.	Béchique	+				
Asplenium Adiantum-nigrum L.	Béchique, émolliente	+				
Astragalus hamosus L.	Emolliente, adoucissante, galactagogue	+				
Astragalus lusitanicus Lamk.	En cataplasmes dans les maladies du genou et du coude (enflures, arthroses, luxations, synovites)	+				
Astragalus sesameus L.	Les bergers et les enfants consomment les graines à l'état cru, partout au Maghreb		+			
Avena alba Vahl.	Adoucissante, antiasthénique, émolliente	+	+	+		
Avena sterilis L.	Adoucissante, antiasthénique, émolliente	+	+	+		
Bellis annua L.	Analgésique, anti-inflammatoire, diurétique	+		+		
Bellis silvestris L.	Analgésique, anti-inflammatoire, diurétique	+		+		
Beta vulgaris subsp. *maritima* (L.) Arcang.	Décoction buvable dans les affections du foie	+	+			
Blackstonia perfoliata L.	Fébrifuge, stomachique, tonique	+				
Borrago officinalis L.	Sudorifique, diurétique, pectorale, émolliente	+	+	+		
Bryonia dioica Jacq.	Purgative, vermifuge, diurétique	+				
Bupleurum fruticosum L.	Antiasthmatique, analgésique, expectorante, diurétique	+		+		
Calendula arvensis L.	antiseptique, constituants sont fongicides, antibactériens et antiviraux, action cicatrisante.	+				
Calendula suffruticosa Vahl.	Antiseptique, constituants sont fongicides, antibactériens et antiviraux, action cicatrisante.	+				
Capparis spinosa L.	Diurétique, apéritive, laxative, stomachique, tonique, antispasmodique, dépurative	+	+			
Capsella bursa pastoris L.	Astringente, diurétique, tonique, fébrifuge, hémostatique	+				
Centaurea pullata L.	Fébrifuge, diurétique	+				
Centaurium umbellatum (Gibb.) Beck.	Fébrifuge, digestive, apéritive, carminative, stimulante du pancréas, tonique amer, cholérétique, vermifuge, dépurative	+				

Espèce	Propriétés				
Ceratonia siliqua L.	Antidiarrhétique, émolliente, anticatarrhale	+	+		+
Ceterach officinarum Lamk.	Astringente, diurétique, expectorante, sédative, sudorifique	+			
Chamaerops humilis L.	Astringent, contre les diarrhées et les gingivites	+	+		+
Cheiranthus cheiri L.	diurétique, provoque des effets contradictoires sur le coeur. A faibles doses, elle renforce son activité comme la digitale.	+			
Chenopodium album subsp opulifolium(Schrad) Batt.	Propriétés vermifuges, action antispasmodique, diurétique	+	+		
Chenopodium ambrosioides L.	propriétés vermifuges, action antispasmodique	+			
Cistus monspeliensis L.	Apéritive, utilisée comme aphrodisiaque	+	+	+	
Cistus salvifolius L.	Apéritive, utilisée comme aphrodisiaque	+	+	+	
Cistus villosus L.	Apéritive, utilisée comme aphrodisiaque	+	+	+	
Clematis flammula L.	Analgésique, rubéfiante, vésicante	+	+		
Convolvulus althaeoides subsp. althaeoides L.	Antispasmodique, stomachique, tonique, purgative	+			
Convolvulus arvensis subsp. arvensis L.	Antispasmodique, stomachique, tonique, purgative	+			
Conyza bonariensis (L.) Cronquist	Astringente, diurétique, hémostatique, hypoglémiante	+			
Conyza naudini Bonnet	Astringente, diurétique, hémostatique, hypoglémiante	+			
Coriaria myrtifolia L.	Astringente, diurétique	+			+
Coronilla valentina L.	Diurétique, purgative	+			
Cotyledon umbilicus veneris L.	Cicatrisante, émolliente	+			
Crataegus oxyacantha L.	Tonicardiaque, cardiorégulateur, hypotenseur, antispasmodique, antipyrétique, hypnotique	+	+	+	
Crithmum maritimum L.	Antiscorbutique, diurétique, vermifuge, dépurative, apéritive	+			
Cupressus sempervirens L.C.	Hémostatique, astringente, diurétique, pectorale, sudorifique, antipyrétique, antispasmodique	+			
Cyclamen africanum B. et R.	Antihémorroidaire, cataplasme contre les enflures	+			
Cynodon dactylon (L.) Pers.	Diurétique, sudorifique	+			
Cynoglossum cheirifolium L.	Astringente, Anti diarrhéique, calmante	+			
Cynoglossum creticum Miller	Astringente, Anti diarrhéique, calmante	+			

Espèce	Propriétés				
Cyperus rotundus L.	pouvoir analeptique, dans les soins de la chevelure	+			
Daphne gnidium L.	Vésicante, rubéfiante, abortive	+		+	
Daucus carota L.	Anti diarrhéique, carminative, diurétique, galactagogue, hypoglycémiante	+		+	
Dianthus caryophyllus L.	Antispasmodique, antiseptique, cardiotonique, diurétique, sudorifique, tonique, vermifuge	+			
Ecbalium Elaterium Rich.	Purgative hydragogue, sert à la préparation de l'Elaterium	+		+	
Echium plantagineum L.	Diurétique, connue des éleveurs pour sa toxicité sur le bétail	+	+		
Elaeoselinum asclepium subsp. *meioides* (Koch.) Fiori	utilisée, pilée avec du clou de girofle et du henné, en cataplasmes sur les tempes et le front, contre les céphalées	+			
Ephedra fragilis Desf.	Antispasmodique, bronchodilatatrice	+			
Equisetum ramossisimum Desf.	Astringente, diurétique, cicatrisante, hémostatique	+			
Erica arborea L.	Astringente, diurétique, antiseptique uro-génitale, sternutatoire, dépurative	+		+	+
Erica multiflora L.	Diurétique, antiseptique urinaire	+		+	
Eryngium tricuspidatum L.	Dépuratif, diurétique et laxatif	+			
Eucalyptus globulus Labill.	Fébrifuge, anti phtisique, antiseptique, balsamique, hypoglycémiante	+		+	+
Eupatorium adenophorum Spreng.	Dépurative, laxative, tonique	+			
Euphorbia dendroides LamK.	Latex blanc=caustique, rubéfiant, vésicant, dangereux pour les yeux, et toxique, purgatives	+			
Euphorbia helioscopia L.	Purgative, vésicante	+			
Euphorbia peplus L.	Contre les verrues, les cors et les chairs mortes	+			
Festuca elatior subsp. *arundinacea.* (Schreb) Hack			+		
Ficaria verna Huds.	Analgésique, anti hémorroïdaire	+			
Ficus carica L.	Antiasthénique, dépurative, émolliente, laxative, nutritive, pectorale, tonique, vermifuge	+	+	+	+
Foeniculum vulgare (Mill) Gaertn.	Stimulante, carminative, digestive, diurétique, expectorante, galactagogue, emménagogue, antispasmodique	+	+	+	
Fraxinus angustifolia Vahl.	Diurétique, anti-inflammatoire, laxatif, fébrifuge, Stomachique, antalgique,	+	+	+	

Espèce	Propriétés				diaphorétique
Fritillaria messanensis Raf.	Anti catarrhale, expectorante	+			
Fumaria capreolata L.	Astringente, calmante, cholagogue, laxative, stimulante	+			
Geranium robertianum L.	Astringente, tonique, anti diarrhéique, dépuratif, hémostatique, vulnéraire, sédative	+			
Glaucium flavum Crantz	propriétés antitussives, contient des principes analgésiques	+			
Globularia alypum L.	Purgative, cholagogue, stimulante, dépurative, laxative, diurétique, antimycosique	+			
Hedera helix L.	Analgésique, antispasmodique, emménagogue	+		+	
Heliotropium europaeum L.	utilisée par les bergers pour obtenir une certaine ivresse	+			
Helosciadium nodiflorum Lag.	Cataplasmes contre les abcès et les lymphangites	+			
Hyoscyamus albus L.	Sédative, anesthésique, antispasmodique	+			
Inula viscosa (L.) Ait.	Cicatrisante, antiseptique, analgésique, diurétique, hémostatique, vermifuge	+			
Jasminum fruticans L.					+
Juncus maritimus Lamk	contre l'hydropisie et comme analgésique sous forme de cataplasme	+			
Juniperus oxycedrus L.	Stimulante, diurétique, tonique	+			+
Juniperus phoenicea L.	Antiparasitaire, antiseptique, astringente	+			+
Kundmannia sicula (L.)Dc.	Traitement des métrorragies et des maladies du colon	+			
Lathyrus articulatus L.			+		
Lathyrus ochrus L.			+		
Lithospermum apulum (L.) Vahl.	Diurétique	+			
Lobularia maritima (L.) Desv.	Fébrifuge	+			
Lonicera implexa L.	Astringente, sudorifique, diurétique	+		+	
Lythrum junceum Banks & Solander	utilisée en cataplasmes astringents dans les soins des petites blessures et des crevasses du pied	+			
Malva sylvestris L.	Antiseptique, béchique, laxative	+	+	+	
Medicago hispida Gaerth		+	+		

Espèce	Usages					
Medicago intertexta (L.) Mill.			+			
Medicago lupulina L.			+			
Medicago marina L.			+			
Medicago minima Gruf.			+			
Medicago orbicularis (L) All.			+			
Medicago truncatula Gaertner			+			
Melilotus indica Lamk.	Anti-inflammatoire, astringente, sédatif, émolliente	+	+			
Mentha pulegium L.	utilisée en infusion, en inhalations ou en cataplasmes thoraciques, dans les rhumes, les maux de gorge, la toux, les bronchites, les infections pulmonaires et les refroidissements	+				
Mentha rotundifolia L.	utilisée en infusion contre les refroidissements et les palpitations de l'aorte ; comme laxative ; en cataplasmes sur les hémorroïdes	+	+			
Mentha spicata L.	anti-inflammatoire	+	+	+		
Mercurialis annua subsp. *ambigua* (L. f.) Arcang.	Purgative, en infusion buvable ou sous forme de lavement rectal.	+				
Myrtus communis M.	Antiseptique, balsamique, astringent, hémostatique	+	+	+	+	
Narcissus tazetta L. (l'huile essentiel est utilisée en parfumerie (essences les plus chères)						+
Nasturtium officinale R.Br	considérée par les Berbères comme réchauffante et fortifiante ; riche en vitamine C	+	+			
Nepeta algeriensis de Noé		+				
Nerium oleander L.	Poison, toxine=oléandrine, tonicardiaque, analgésique.	+				
Nigella damascena L.	Antispasmodique, emménagogue.	+	+			
Olea europaea var. *oleaster* DC.	Astringente, diurétique, fébrifuge, tonique	+	+	+		
Olea europaea var. *sativa* DC.	Hypotenseur, spasmolytique, émolliente, anti arythmique, fébrifuge, tonique	+	+	+	+	
Ononis natrix subsp. *natrix* L.	Traitement des ictères	+	+			

235

Espèce	Propriétés				
Ophrys apifera Huds.	Préconise contre la stérilité et l'impuissance sexuelle	+			
Ophrys fusca Link.	Préconise contre la stérilité et l'impuissance sexuelle	+			
Ophrys lutea (Cav) Gouan	Préconise contre la stérilité et l'impuissance sexuelle	+			
Ophrys speculum L.	Préconise contre la stérilité et l'impuissance sexuelle	+			
Ophrys tenthredinifera Willd.	Préconise contre la stérilité et l'impuissance sexuelle	+			
Opuntia ficus indica (L.) MILL.	Anti diarrhéique, diurétique, nutritive, astringente, émolliente	+	+		
Orchis patens Desf.	Préconise contre la stérilité et l'impuissance sexuelle	+			
Oxalis cernua Thumb.			+		
Paronychia argentea (Pourr.) Lamk.	Apéritive, diurétique	+	+		
Petasites fragrans Presl.	Analgésique, anti-inflammatoire, astringente, expectorante, tonique, vulnéraire.	+			
Phillyrea angustifolia subsp. *media* (L.) Rouy.	L'écorce est utilisée en décoction dans le traitement des fièves	+		+	
Phragmites communis Trin.	Diurétique, Sudorifique	+			
Phyllitis sagittata (DC) Guinea & Heywood	Diurétique, astringente, expectorante	+			
Pimpinella tragium Vill.	Réduire flatulences et ballonnements, et facilite la digestion	+			
Pinus halepensis Mill.	Expectorante, balsamique, léger diurétique, antiseptique, astringente	+	+	+	
Pistacia atlantica Desf.	Astringente, masticatoire hygiénique pour purifier l'haleine, contre les maladies de l'estomac, les toux et les refroidissemnts, contre les maux de ventre	+	+	+	
Pistacia lentiscus L.	Astringente, expectorante, cicatrisante, vulnéraire, détersive	+	+		
Pistacia terebinthus L.	antiseptique, astringente, détersive, vermifuge	+			
Plantago cornopus L.	Adoucissante, astringente, émolliente	+			
Plantago major L.	Adoucissante, astringente, émolliente	+			
Polygonum aviculare subsp. *aviculare* L.	propriétés diurétiques, un remède contre les règles trop abondantes et les morsures de serpent. Tanins, flavonoïdes, polyphénols, acide silicique (environ 1 %) et mucilage.	+			
Polypodium vulgare L.	Laxative, expectorante, vermifuge, antigoutteux	+			+
Populus alba B.	Sudorifique, diurétique, tonique, vulnéraire, expectorante, balsamique	+	+	+	+

Espèce	Utilisation					
Populus nigra L.	Tisane : pour traite les bronchites et agit comme désinfectantes et diurétiques.	+				
Prunus avium L.	Diurétique, astringente, laxative, dépurative	+		+	+	
Psoralea bituminosa L.	Antiseptique, anti-inflammatoire	+				
Pulicaria dysenterica (L.) Gaertn.	Utilisée comme sternutatoire dans le traitement de certains maladies O.R.L et des céphalées	+				
Pulicaria odora (L.) Rchb.	Utilisée comme sternutatoire dans le traitement de certains maladies O.R.L et des céphalées	+				
Punica granatum L.	Astringente, adoucissante, antiscorbutique, apéritive, vermifuge, anti diarrhéique	+		+	+	
Quercus coccifera var. pseudococcifera (Desf.) A. DC.	Traitement de la dysenterie	+				
Quercus ilex L.	Traitement de la diarrhée et la dysenterie et utilisée par voie orale contre les hémorragies de la délivrance	+	+	+	+	+
Quercus suber L.	utilisée comme hémostatique et cicatrisant dans les soins des plaies ; antidiarrhéique et dans le traitement des maladies de l'estomac et du colon	+	+	+	+	+
Ranunculus bullatus L.	Traitement des refroidissements du dos et des reins ; vomitive, purgative	+				
Raphanus raphanistrum L.	Rubéfiante, émétique, hémostatique	+				
Reseda alba L	contre les diarrhées, les coliques et les intoxications digestives	+		+		
Rhamnus alaternus subsp. eu-alaternus Maire	Efficace contre l'ictère hépatique, purgative, astringente, laxative.	+	+	+	+	+
Rhamnus lycioides subsp. oleoides (L.) Jah. Et Maire	Les fruits sont utilisées en laxatifs	+				
Ricinus communis L.	Préparation de l'huile = purgatif, violent et dangereux	+				
Rosa sempervirens L.				+		
Rosmarinus officinalis var. prostratus Pasq.	Antispasmodique, stomachique, carminative, cholagogue, emménagogue, cicatrisante	+	+			
Rubia peregrina L.	Cholérétique, diurétique, emménagogue, sudorifique…	+		+		+
Rubus ulmifolius Schott.	Astringente, dépurative, détersive, diurétique, hypoglycémiante	+	+	+	+	+

Espèce	Propriétés / Usages				
Rumex bucephalophorus subsp. gallicus	associée à d'autres plantes dépuratives comme le pissenlit pour soigner des troubles dus à un taux de toxines élevé dans l'organisme. Son action laxative douce en fait un remède précieux contre la constipation.	+			
Ruscus hypophyllum L.	Apéritive, diurétique, fébrifuge, hémostatique, sudorifique	+			
Ruta chalepensis L.	Emménagogue, antispasmodique, rubéfiante, anti-inflammatoire, médicament dangereux	+	+		
Salix alba L.	Astringente, sédatif	+	+	+	
Salsola kali L.	Diurétique, détergente	+			
Salvia verbenaca Batt.	Stimulante, tonique, antiseptique	+	+		
Satureja calamintha subsp. sylvatica Briq	Contre les rhumes, les grippes et les affections broncho-pulmonaires	+	+	+	
Satureja graeca L.	Contre les rhumes, les grippes et les affections broncho-pulmonaires	+	+	+	
Scabiosa atropurpurea subsp. maritima (L.) Fiori et Pa			+		
Scirpoides holoschoenus subsp. holoschoenus (L.) Sojak	Emollients	+	+		+
Scolymus maculatus L.	recommander dans les maladies du foie et les intestins	+	+		
Senecio leucanthemifolius subsp. leucanthemifolius Poiret	Emménagogue	+			
Senecio vulgaris L.	Emménagogue	+			
Sinapis arvensis L.	Rubéfiante, stomachique, laxative, stimulante	+	+	+	
Smilax aspera L.	Sudorifique, dépurative	+			
Smyrnium olusatrum L.	traitement des refroidissements, des hémorragies des premiers mois de la grossesse	+			
Solanum nigrum L.	Narcotique, sédative, analgésique, antispasmodique, émolliente, résolutive, sédative	+			
Sonchus tenerrimus subsp. tenerrimus L.	Dépurative	+	+		
Stachys maritima L.	Analgésique, Astringente, sédative, tonique amère	+		+	
Stellaria media subsp. apetala (Ucria Gaud.)	soigne les irritations cutanées, les démangeaisons sévères, les eczémas,	+			

	les ulcères				
Tamarix gallica L.	Astringente, anti catarrhale, diurétique, hémostatique, sudorifique, vermifuge, antidiarrhéique	+	+		
Tamus communis L.	Purgative, diurétique, résolutive	+			
Teucrium polium L.	Fébrifuge, anti-inflammatoire, astringente, détersive, tonique amer	+		+	
Thapsia garganica L.	Rubéfiante, contre les douleurs rhumatismales	+			
Tinguarra sicula (L) Parl.	Associéeà *Ajuga iva* (L.) Schreb. Sert à faire un onguent contre la lèpre	+			
Trifolium pratense L. subsp. *pratense*	utilisée pour soigner la toux, en poudre ou en infusion	+			
Typha angustifolia L. M.	Hémostatique, analgésique	+			
Ulmus campestris L.	Adoucissante, astringente, dépurative, diurétique, émolliente, sudorifique, tonique, vulnéraire	+	+		
Urginea maritima (L.) Baker var *numidica*	utilisée dans les refroidissements (brobchites, toux, grippes) ; traitement de la jaunisse ; diurétique ; comme abortive ou en fumigations vaginales	+			
Verbena officinalis L.	Contre les fièvres, astringente, diurétique	+			
Veronica anagallis-aquatica L.	Diurétique et expectorant	+	+		
Veronica cymbalaria Bodard	Diurétique et expectorant	+			
Veronica didyma Ten.	Diurétique et expectorant	+			
Veronica persica All.	Diurétique et expectorant	+			
Viburnum tinus L.	Très purgative, diurétique, anti catarrhale, remède contre l'hydropisie	+		+	
Vicia sativa subsp. *sativa* L.	utilisée comme pansement gastrique dans les maux de ventre	+	+		
Vincetoxicum officinale Moench.	Contre les abcès froid, les engorgements ganglionnaires et les ulcères.	+			
Vitis sylvestris	Astringente, diurétique, tonique	+	+		
Vitis vinifera L.	Tonique, astringente, diurétique, laxative, expectorante, émolliente, adoucissante, sédative, antianémique, hémostatique, nutritive, anti-inflammatoire	+	+		+
211 plantes utiles		198	72	43	27

Médi. : Médicinale, Alim. : Alimentaire, Mell. : Mellifère, Indu. : Industrielle

ANNEXE 4₍₂₎ - Liste des Fabacées de la zone d'étude

Anagyris foetida L.	*Medicago marina* L.
Anthyllis tetraphylla L.	*Medicago minima* Gruf.
Anthyllis vulneraria L.	*Medicago orbicularis* (L) All.
Astragalus echinatus Murr.	*Medicago truncatula* Gaertner
Astragalus epiglottis L.	*Melilotus elegans* Solzn.
Astragalus hamosus L	*Melilotus indica* (L) All
Astragalus lusitanicus Lamk.	*Melilotus sicula* Desf.
Astragalus monspessulanus L.	*Onobrychis caput galli* Lamk.
Astragalus sesameus L.	*Ononis hispida* Desf.
Calycotome spinosa (L.) Lamk.	*Ononis natrix* L.
Ceratonia siliqua L.	*Ononis reclinata* L.
Coronilla juncea subsp. *pomelii* Batt	*Ononis sicula* Guss.
Coronilla valentina L.	*Psoralea bituminosa* L.
Dorycnium rectum (L.) Ser.	*Scorpiurus muricatus* subsp. *sulcatus* (L.) Thell.
Genista ferox Poiret. Var. salditana	*Scorpiurus muricatus* subsp. *sub-villosus* (L.) Thell.
Genista numidica (Spach) Batt.	*Scorpiurus vermiculatus* L.
Genista tricuspidata Desf.	*Spartium junceum* L.
Genista ulcina Spach.	*Trifolium angustifolium* L.
Genista vepres Pomel	*Trifolium bocconei* Savi.
Hedysarum coronarium L.	*Trifolium campestre* Schreb.
Hedysarum flexuosum L.	*Trifolium glomeratum* L.
Hippocrepis multisiliquosa L.	*Trifolium repens* L.
Lathyrus annuus L.	*Trifloium pratense* L.
Lathyrus articulatus L.	*Trifolium stellatum* L.
Lathyrus ochrus L.	*Trifolium tomentosum* L.
Lathyrus tingitanus L.	*Tetragonolobus purpureus* Moench
Lotus creticus subsp. *cytisoides* (L.) Asch.	*Trigonella monspeliaca* L.
Lotus drepanocarpus Dur.	*Vicia bithynica* L.
Lotus edulis L.	*Vicia lutea* L.
Lotus ornithopodioides L.	*Vicia monardi* Boiss. & Reuter
Medicago hispida Gaerth	*Vicia peregrina* L.
Medicago intertexta (L.) Mill.	*Vicia sativa* L
Medicago lupulina L.	
65 espèces de fabacées	

ABREVIATIONS

APPRECIATION D'ABONDANCE (QUEZEL & SANTA, 1962-1963)

AC, C, CC, CCC: assez commun, commun, très commun, particulièrement répandu.

AR, R, RR, RRR: assez rare, rare, très rare, rarissime.

FORMES BIOLOGIQUES

Ph. = phanerophyte et Phan. Lianeux : liane

Ch. = chaméphyte

He. = hémicryptophyte

Ge. = géophyte

Hél. = Hélophyte

Hydr. = hydrophyte

Th. = thérophyte

TYPES CHOROLOGIQUES

Les types chorologiques sont regroupés en un ensemble méditerranéen, endémique, septentrional et à large répartition. Cette dernière rubrique comprend les espèces cosmopolites, les tropicales, les espèces communes à deux ensembles chorologiques voisins, et autres.

- Ensemble méditerranéen

Cent .-Med. = Centre méditerranéenne

Circum-méd. = Circumméditerranéenne

E.- Med. = Est méditerranéenne

Ibéro.-Maur. = Ibéromaurétanienne

Med. =Méditerranéenne

Oro.-Med=Oroméditerranéenne

W. Med. =Ouest méditerranéenne

End. =Endémique

End. A. N. = Endémique nord-africaine

End. Alg.-Mar. = Endémique algéro-marocaine

End. Alg.-Tun. = Endémique algéro-tunisienne

Mad. = Archipel de Madère (Portugal), inclus Ilhéus Salvages

Can. = Archipel des Îles Canaries (Espagne)

- Ensemble septentrionale

Eur. = Européenne

Euras. = Eurasiatique

Paléo-temp. =Paléotempéré

Atl. = Atlantique

Circumbor. = Circumboréale

Euro.-Sib. = Eurosibérienne

Paléo.-bor. =Paléoboréale

W. Eur = Ouest européenne

- Large répartition

Cosm. = Cosmopolite

Atl.-Med. : Atlantique méditerranéenne

Eur.-As. = Euro asiatique

Eur.-Med. = Euro méditerranéenne

Euras.-Med. = Eurasiatique méditerranéenne

Macar.–Euras. = Macaronésienne eurasiatique

Macar.-Med = Macaronésienne méditerranéenne

Med-As. = Méditerranéenne asiatique

Med- Irano-Tour. = Méditerranéo irano touranienne

Med-Sah.-Sind = Méditerranéo saharo sindienne

Pantropicale = taxon de toute la bande tropicale d'Eurasie, d'Afrique et d'Amérique.

DISTRIBUTION MONDIALE (JEANMONOD & GAMISANS, 2007)

Sténoméd. = Sténoméditerranéen : taxon à aire limitée aux côtes méditerranéennes, de Gibraltar à la mer Noire.

Sténoméd.-W = Sténoméditerranéen de la Ligurie à l'Espagne et la Tunisie

Sténoméd.-SW = Sténoméditerranéen du Maroc à la Tunisie et la Sicile

Sténoméd-S = Sténoméditerranéen du Maroc à
l'Egypte

Euryméd. = Taxon à aire centrée sur les côtes méditerranéennes mais
se prolongeant vers le Nord et l'Est (aire de la vigne). Comme
précédemment, on distinguera Eurymédit.-N, etc

Euras. = Eurasiatique : taxon de l'Europe à l'Asie orientale

Europ. = Européen, avec les subdivisions S, N, etc.

Cosmop. = Cosmopolite : taxon réparti grosso-modo dans toutes les
zones du monde

Méd-Atlant. = Méditerranéo-Atlantique : taxon centré près des côtes
atlantiques et méditerranéennes

Paléotemp. = Paléotempéré : taxon eurasiatique large débordant en
Afrique du Nord

Boréal = taxon des zones tempérées à froid d'Eurasie et d'Amérique du
Nord

Subtrop. = Subtropical : taxon des zones subtropicales

Paléotrop. = Paléotropical : taxon des zones tropicales de l'ancien
monde

DISTRIBUTION PHYTOGEOGRAPHIQUE EN ALGERIE (QUEZEL &
SANTA 1962-1963)

K1 = Grande Kabylie

K2 = Petite Kabylie

K3 = Numidie (de Skikda à la frontière tunisienne)

A1 = Sous secteur algérois littoral

A2 = Sous secteur algérois de l'Atlas Tellien

C1 = Secteur du Tell constantinois

O1 = Sous secteur oranais des Sahels littoraux

O2 = Sous secteur oranais des plaines littorales

O3 = Sous secteur oranais de l'Atlas Tellien

H1 = Sous secteur des Hautes Plaines algéro-oranaises

H2 = Sous secteur des Hautes Plaines constantinoises

AS1= Sous secteur de l'Atlas Saharien oranais

AS2= Sous secteur de l'Atlas Saharien algérois

AS3= Sous secteur de l'Atlas Saharien constantinois (Aurès compris)

Pic des singes, pointe Noire et Aiguades

Pointe des salines

Cap Bouak

Photos : K. Rebbas, 5.6.2010

Mont de Gouraya

Versant nord de Taouraya et Oufarnou

Partie ouest du Cap Carbon

Pointe Mézaïa   Photos : K. Rebbas, 2010

TABLE DES MATIERES

www.ingramcontent.com/pod-product-compliance
Lightning Source LLC
Chambersburg PA
CBHW021035210326
41598CB00016B/1022